職場生活叢書二

你能 How to thrive from 9 to 5:
You can do more than just survive on your job

從9 爬到 5

而非只在職場倖存！

魏梅立著
鄧明雅譯

【所羅門王的箴言】

你

要一心仰賴耶和華

不可倚靠自己的聰明

在你一切所行的事上

都要認定祂

祂必指引你的路

不要自以為有智慧

要敬畏耶和華

遠離惡事

【箴言3：5-7】

目錄

你的「**生存/功成名就**」量度

過去十二年我周遊全國各地，為來自每一種公司、行業、工作的人提供商業講習會，教導顧客服務、有效溝通、與人共事等課程。從這些經驗裏，突顯出一個普遍的現象：絕大部分的人，都只是在職場中苟延殘喘。對他們而言，單單只是爬起床來，又一天面對辦公室、教室、工廠、醫院、卡車、公車或他們所在的任何環境，每一天都是日常的天人交戰。

我在職場也有爭戰得勝的經歷。從多次的失敗和經驗中，我學習了絕大多數的功課。我是多年前IBM營業部門的第一批女性職員中的一位，之後我轉到IBM及其他公司的市場及行政管理職位。但是，我多半的事業生涯只稱得上是倖存而已。最後我恍然大悟那有多蠢，才開始學習如何在工作上提昇。我覺悟了，既然一天要花十個小時在那個崗位上，與其只是度日，我還不如從中學習、成長。

我巡迴各地演說講習，渴望幫助其他人抓住一個很簡單卻極為重要的遠景：如果你肯學習，並實踐一些基本的原則和紀律，就能在工作上成長、提昇。即使在困難重重、人事刁難、環境惡劣、工作繁重的情況下，我們仍然有機會把負面的際遇，轉為個人的課堂，在那裡運用它們作為學習、成長的工具。功成名就的人是一個學會將痛苦轉變為獲益的人。

我寫這本書，是要幫助渴望功成名就的讀者，作為簡單但卻實用的輔助工具。其中包括了許多我認識的生存者及功成名就者的生活實例。這些故事均屬實，不過為了保護他們的隱

私，我必需避免使用他們的真名。

這本書或許沒有太多新鮮的見解，今天能使人功成名就的事務與過去的一樣。但是如果你需要進修；如果你最近在工作上受挫；如果你近來常想放棄、投降；或你在考慮自己應該從9點上班到5點，或8點到6點，那麼，這本書是為你寫的。

如何使用這本書

為了達到不同的目的，這本書可以有許多不同的用法：
- 幫助個人找到實際的方法，來辨認自己生活中僅算是倖存的地方，把它們轉變為可以騰達的地方
- 幫助經理及主管更成功的和員工相處
- 作為訓練課程的手冊
- 作為每天工作所需的參考書籍和實用技能的手冊

每一章附一個習題，幫助你將該章論及的原則和技能付諸實行。這些習題是要使主題更實際、更實用，好讓個人使用或提供訓練。

本書可以讓你隨心所欲的使用，不必照次序，還可以分章或整本閱覽或研讀。每一章均各有單獨的主題，就你自己的情況，有些章節可能會比其他章節來得適用。

許多章節裏，你會看到聖經箴言書的節錄。我認為它是幫助我應付職場每天的情況和處理各種人事最實用的書籍之一。我鼓勵你多多研讀。它一共有三十一章，所以很容易按照一個月的天數，一天讀一章。

箴言14：23說道：「諸般勤勞都有益處；嘴上多言乃致窮乏。」如果你只停留在閱讀或談論如何在職場騰達，這會

使你降到比目前更低的層次。紙上談兵於事無補，發揮不了任何作用。

這是一本需要你採取行動的書。附上的問題、習題或建議，你可以納入自己每天的生活和技能裏。它要你用心操練，這樣的操練對你和基督的國度，都會有極大的回饋。

耶穌說：「你們既知道這事，若是去行就有福了。」（約翰福音13：17）。我盼望你不會只是一個聽眾、讀者，而會是一個確實行動的人！那時才是你收成、蒙福的時候。

讀此書之前，先作下面的自我測試，看看你目前在生存或騰達的尺度上，位在何處。

如果你需要我任何的幫助，請寫信給我：

Mary Whelchel
Box 44
Wheaton, IL. 60189
USA

功成名就/生存的自我測試

找出你在職場到底是倖存，或是嶄露頭角。儘可能誠實的回答下面所有適用的問題。

1. 下面哪些字/詞，描述你對工作的心態？

☐ 無聊 ☐ 壓迫感 ☐ 雕蟲小技
☐ 忙碌 ☐ 工作過重 ☐ 危機重重

2. 下面哪一種說法，是你對自己的工作很典型的看法？

☐「我討厭這個工作。」
☐「我絕對無法跟＿＿＿＿相處。」
☐「今天是週一（或任何一天），每個週一都會很糟！」
☐「我不可能準時完工。」
☐「今天/這週過去後，我會很高興。」
☐「他若再對我說一次，我會抓狂！」

3. 哪一項描述了你對自己的頂頭上司的看法？

☐ 無能 ☐ 溝通不良
☐ 不會賞識、感激 ☐ 聆聽不良
☐ 不會支持、贊助 ☐ 缺乏組織力

4. 下面哪一種溝通型態是你與同事經常使用的？

☐ 對工作環境抱怨
☐ 對同事閒言閒語
☐ 在意待遇
☐ 批評經理
☐ 抱怨工作量
☐ 批評行政管理制度及政策

5. 下面哪一項是你慣有的？

☐ 上班遲到
☐ 指定工作/課業未能準時交差
☐ 午餐時間太長
☐ 上班時間打太多私人電話
☐ 離開辦公桌，跟人聊天

6. 過去三個月，你做過下面的哪一項？

☐ 請上司對我的工作表現作評論
☐ 幫助一個工作沉重的同事
☐ 為一個我並不需要服務的顧客做點事
☐ 為一件特別的企畫或工作量多的情況，提早上班或晚
　上加班

7. 過去六個月，你曾嘗試獲得或改進下面哪一項技能？

☐ 電話禮節
☐ 聆聽能力
☐ 處理生氣的人
☐ 肢體語言/穿著打扮

8. 過去六個月，你曾追求過下列哪些教育課程（不管正式
或非正式）？

☐ 電腦軟體　　　　　　　☐ 電腦課程
☐ 提出報告的技能　　　　☐ 時間運用的技能
☐ 其他與工作相關的課程

9. 你曾經做過下列哪些項目？

☐ 要求更多的責任

□ 建議較好的體系、制度，以增進有效的服務
□ 提議重寫自己的工作職責
□ 要求訓練課程
□ 主動尋找本地現有的學習機會，以增進自己的教育及技能

10. 你曾經實踐過下列哪些項目？

□ 及時回電
□ 留意並跟進所做的每一項約定/承諾，及每一項接受的職責
□ 恭維工作表現良好的同事
□ 適時尋求同事的指教和意見

為自己打分數

問題1-5：

每一個「是」的答案是0分

每一個「非」的答案是5分

問題6-10：

每一個「是」的答案是5分

每一個「非」的答案是0分

總 分

0 - 20　　　　活不了了；只剩最後一招！

21 - 75　　　　勉強倖存！

1

是查看
心態的時候了

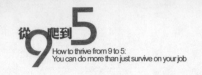
「**我**知道他不會給我他曾答應的加薪，」以藍對我說他年度考績的評核將至。「我為這個公司辛勤工作，甚至超出我的職限一再付出。你會想，他至少應該給我一個像樣的加薪吧！」

「你怎麼知道他不會呢？」我問。

「噢！我就知道他的為人！」他答。「他只不過說說，故意誤導你一陣子而已。但是一逼近了，他不會實踐的。」

「你是說他以前答應過，卻食言了？」我又追問。

「喔！那倒也未必，但是我就知道他不會。他會找一些理由來搪塞、拖延，或者乾脆不理會。我是絕對拿不到加薪的。」

說了這些負面的話，以藍已經讓自己註定失敗了。為什麼？因為他的心態實在很不健全，無庸置疑的會影響到他的工作表現，也的確會導致他對自己的預告成真：得不到他想要的加薪！誰會給一個成天喪氣、不悅，一天到晚埋怨、不滿，脾氣壞透的員工加薪呢？

不健康的心態保證讓你只能在職場倖存，一事無成。你會勉強拖曳著身軀，在自憐中顛簸度過每一天。

心態可以說是你的心思，聖經說我們的心怎樣思量，我們的為人就怎樣。（箴言23：7）你的心怎樣思量你的工作、你的上司、你的同事、你自己、你的貢獻、你的公司，這些思量是你整體心態的一部分。如果你我想在事業上成功，我們就必須發展並維護正確、健康的心態。

不幸的是，心態是教不來的。他沒有一套程式，沒有奇方妙法，沒有十步計畫能保證你得到正確的心態。心態可以自己學習，但是只限定在有下定決心要教導自己的人，和那些領悟到自己需要學習、再學習的人！這是需要一生的學習過程。

你的「心態聲望」如何?

　　如果你向那些跟你很熟悉的人,那些跟你同住和共事的人做調查,他們會如何形容你?他們會認為你多半是正面、積極,心態沒有問題的人?或多半是負面、消極、心態大有問題的人?或是一半一半?你曾想過自己的心態聲望如何嗎?不管你有沒有這種認知,你有心態聲譽。瞭解自己的心態在尺度圖表上確切的刻度,非常重要。一般而言,我們一定是屬於下面圖表中,三種心態類型其中之一。

首先,我們有心態走兩個極端的人,+5%及-5%的人。你知道+5%的人嗎?這種人常常微笑,對人友善,喜歡人,難得抱怨。我不確知這種人是否與你我有同樣的生活型態,他們偶爾也會活在自我否定的狀態下,不過他們比-5%的人好相處多了。你一定也知道-5%這種人,對吧?他們對每件事,對任何人都說不出一句好話,沒有哪一天是好日子,老是心情不好等等。

但是話說回來,我們也很少有人心態是完全正面或完全負面的。我們的心態多半是處於圖表中間90%那段,有正面也有負面的心態。我們有好日子,也有壞日子;有時順暢,有時糟透了。不過,你會在這個尺度圖表傾向某一端。換句話說,你或許是心態比較正面,或是心態比較負面的人。

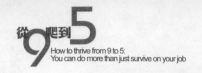
現在，你可以誠實的思考一下：在某個典型的一天裏，你的心態是在尺度圖表上的哪一邊？你能坦白的說，你是心態70—80％正面的人嗎？或者，你較有可能是正負面各半的人？

也許你們有些人不得不承認，你的思緒經常都在負面的領域中，你的心態傾向於負面多過正面。你會想太多可能發生或已經發生的壞事，或假想最糟的情況。或者你告訴自己，今天會是一個壞日子或你絕對無法把工作完成。再或者，你告訴自己，你就是無法與某人相處，或其他你整天裝進自己腦子裏的負面訊息。

你的心態在於你自己的選擇

我希望你記住：你的心態，在於你自己的選擇。它一直都是如此。當今的世代，已經發展出一種「怪罪到更高層級」的藝術，而我們有時也陷在同樣的趨勢裏。「噢！如果你來作我的工作，就不會那麼正面、積極了。」「如果那孩子是你的，你也不會好過的。」「要是我的老闆不一樣，我會是積極的人。」換句話說，「我的心態不好，不是我的錯！」

然而，事實是：你我的心態常是我們自己的選擇。不管事態糟到甚麼程度，如果你不願意，沒有人能逼你心態變壞；不管事態多好，如果你不願意，也沒有人能迫使你心態轉好。這應該是好消息，因為它說明了我們的心態不會是我們的環境、或他人的階下囚。我們選擇自己的回應。

你越能理解這個事實，把它銘刻在腦海裏，你需要對付的壓力就越少。好消息是，主耶穌基督的信徒，得以藉著內住在我們心靈裏的聖靈的能力，而不是孤軍奮鬥。我們有神的大能幫助我們去做看來困難或不可能的事。

思想你在心態這方面究竟如何，把它當作你每天的禱告事

項。求神破碎你生命中負面、消極思想的破壞力；撒但常常在我們的生命中這樣建立了他的堡壘，佔據在我們生命裏。這是很微妙、詭異的，我們或許無法識別。但是，你若想降低壓力，你必須面對你的心態，今天開始把它當作重要的禱告和委身的事項，你要以合乎聖經的原則和積極的心態去思想。

不要讓這新世紀的哲學，奪走你身上可以思想「健康、積極事物」的美好聖經原則。沒錯！積極的心智並不能解決世界上各式各樣的問題（一如新世紀的教導，經由正面積極的思想，我們不是自己命運的主宰者），但是當我們以腓立比書4:8教導我們的思維方式思想時，我們的思想會積極，也是事實。那個章節告訴我們要思想真實的、可敬的、公義的、純潔的、可愛的、有美名的、或值得讚揚的事。如果這些都不夠積極正面的話，那我就不知道還有甚麼是。千萬別失去這項積極思想的聖經原則。

學習「重新架構」

所謂的「重新架構」可能是個有效的方法，接受一個壞情境並且轉移到另一個框架裏，學習用不同的視野去省視它——專注於它正面的意義，而不是一味地往負面的地方想。

最近，塔妮雅跟我聊起她的工作情況。之前，她處在一個非常具有壓力，而且難以應付的工作環境。塔妮雅的老闆是個沒有能力、無理的人，因為他的笨拙和自私，塔妮雅浪費了不少的時間與精力。但她學習重新架構他。

塔妮雅告訴我：「我覺得我的老闆已經改變了，看來似乎已改了，但也可能是我自己在變也說不定。不管怎麼樣，工作情況好多了。我和他之間的互動也比以前好很多。」

塔妮雅正在嘗試著用不同的眼光去檢視她的老闆。她祈

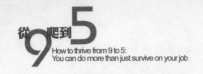
從9爬到5
How to thrive from 9 to 5:
You can do more than just survive on your job

禱，藉由神的力量，讓她看她的老闆如同神看他般。如果你能學著如此做，它將會徹底改變你的心態。

我記得在我人生曾有個階段需去應付一個很難處的老闆。好幾個月我所能見的全是他的惡劣：如何的威嚇和降尊紆貴的樣子，太難以相處了！我嘗試逃離、找尋其他的工作，意欲把自己心態的問題歸咎於他，我認為只要繼續為他工作，我就不可能有正面的態度。最後神告訴我，我的工作並非出於偶然，在祂引領我前進之前，祂要我在那裏獲取些珍貴的教訓。我花了兩年多的時間為那個不可理喻的老闆工作，但神幫助我以不同的眼光，「重新架構」他。

你可以經由禱告，「重新架構」一個環境或人，我就是由此開始的，我開始為我的老闆禱告，不是希望他被閃電擊中，而是祈禱神會讓我以同情心去對待他，幫助我看他如同神看他般，去了解他，以智慧去回應他。「重新架構」讓我在行為表現上、應付他的能力及抗壓程度產生巨大的不同，進而改變了我的心態。

想像今日在你人生中，有某個人或某件事需要你去重新架構，或許是你對時間表或你對責任的態度。我經常發現自己思量著：「噢！我還有這麼多事要做，我不可能全部完成的！」而後開始自憐，增添了不少壓力。

我現在正在學習「重新架構」那種想法。我不再以消極的方式去看所有的事情了。我把思緒轉換過來，對自己說：「梅立！有這麼多事可做，你不是很蒙福嗎？想想，如果你有太多空閒的時間，豈不是很無聊！神讓你參與祂的計畫，去祝福、幫助人，不是很不可思議嗎？」

一旦我開始「重新架構」那個情況，我的心跳速度就減慢

下來,血壓降低、牙齒鬆開、壓力感減少,而心態也改變了。「重新架構」是很重要的技術,它全在於你的心意。箴言說我們的心怎麼想,我們就是怎樣的人!它全在於我們的思緒,從我們的思想開始。

謹慎使用你的情感財富

另有一項我常使用的技巧,就是不浪費我的情感財富。讓我說明給你聽。我們每個人都擁有所謂的「情感/心智」銀行帳戶。現在,在這帳戶裏儲蓄、存款是我們的責任。而我們是以充足的睡眠、良好的飲食、適當的運動、開懷的歡笑、支援的系統等等來儲蓄存款的。但是每一天,你我都只有一定限額的情感財富可以支出。

就說今天吧!我的「情感」戶頭裏有五十塊錢。我甚至還沒離家前,可能已經和孩子或配偶吵架。(用你的想像力,因為我是單身。)「你又把衣服丟在浴室地上了!」或「你從來不幫我忙!我只是要你把垃圾拿出去!」所以我連大門都還沒跨出去,就已經花去十塊錢的情感精力,就如下面的記帳簿所顯示的:

細　目	收　入	支　出	結　餘
			$50
與家人吵架		$10	$40

然後我上了車,碰上了交通問題,或車子出了毛病。這並非所預期的,不過卻添增了我在時間上的壓力。我的肩膀緊繃,牙關咬緊,我自己嘀咕著抱怨,全身的肌肉也緊縮了。我沒有察覺,我已經為了這些出乎意料的事,花了五塊錢的情感精力。

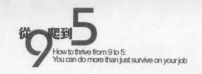
從9爬到5
How to thrive from 9 to 5:
You can do more than just survive on your job

細　目	收　入	支　出	結　餘
			$50
與家人吵架		$10	$40
交通事故		$5	$35

　　之後我到了辦公室或教室，一進門就有問題等著我了。外套還沒脫，咖啡還沒泡，一個氣憤的人打來的電話響個不停；或一個學生跑來抱怨；或一個同事開始訴苦；或我的上司把一件緊急的事交給我。我想著「他們至少能夠等我把外套脫了吧？」我的血壓和壓力感上升。此時，我又花了十塊錢的感情財富。

細　目	收　入	支　出	結　餘
			$50
與家人吵架		$10	$40
交通事故		$5	$35
氣憤的訪客		$10	$25

　　上午十點左右，電腦當機了，或別的必要設備出了毛病，我真是沒輒了。我的計畫終止、被耽誤了。這下子我可擔心了！所以，為了設備的問題，加上向同事抱怨今天甚麼事都不對，我又花了五塊錢的情感財富。

細　目	收　入	支　出	結　餘
			$50
與家人吵架		$10	$40
交通事故		$5	$35
氣憤的訪客		$10	$25
設備問題		$5	$20

　　之後，我的經理找我，又有必須立刻處理的要事、另一個報告，或另一項任務。我的經理應該知道我手上還有昨天尚未處理的三件危急事務。我想：「如果他們把這裏的事好好做

好，想好他們究竟要我作甚麼，而不是每天都交給我一件新的危機，……。」現在我真的煩了，所以我又花了十塊錢在上頭。

細　目	收　入	支　出	結　餘
			$50
與家人吵架		$10	$40
交通事故		$5	$35
氣憤的訪客		$10	$25
設備問題		$5	$20
沉重的緊急要事		$10	$10

一個鐘頭之後，一個老是惹人厭，常讓我受不了的同事，又作了一些有的、沒有的，我又被他纏得心煩，所以也花了十塊錢。

等一下！才到中午，我已經「情緒破產」了。我把五十塊錢全花在這些瑣碎的負面事上，剩下半天我就在陰沉沉的情緒狀態裏度過，氣呼呼的忙這忙那。那也就是說我已經被壓力給挾制了。

細　目	收　入	支　出	結　餘
			$50
與家人吵架		$10	$40
交通事故		$5	$35
氣憤的訪客		$10	$25
設備問題		$5	$20
沉重的緊急要事		$10	$10
煩人的同事		$10	$0

當壓力挾制時，我的心態就立刻陷入負面的領域裏，我的身體受創，我的表現受創，我的人際關係受創，我為耶穌所做的見證也受創。為什麼？因為在陰沉的狀態中，我會說一些平

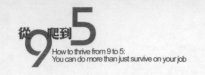

從9爬到5
How to thrive from 9 to 5:
You can do more than just survive on your job

常不會出口的話；我會做一些平常不會做的事；我會很容易過度反應；一點芝麻小事都會令我傷心；我會專注在自己，而非別人身上；我會自憐，被氣憤折磨。

因為我把情感資源全花在一些不值得花的事上，而沒有善用我的精力，因此我的情緒已經受創，自己還不知道。每一次為一件小事，就受創了。我並沒有坐下好好思考：「哇！我的情緒壞透了，」或「我變得負面、消極了。」不是的。我只是讓那些令我心煩的負面小事，花光了我所有的感情資源。

現在我開始在這事上讓自己變聰明。我決定，就像我處理銀行帳戶一樣，我要看管我是怎麼使用我的感情財富。因為，在這方面我沒有源源不斷的財源收入。所以我開始對自己說了很多：

「梅立！值得嗎？」「梅立！這事在二十四小時之內會起作用嗎？」（經驗法則：如果二十四小時之內起不了作用的事，就不值得花情感精力。）

「梅立！地球還在轉動嗎？神還在掌管嗎？耶穌停止愛你了嗎？主忘了你、捨棄了你嗎？」

當這樣想的時候，我就決定不讓一些不重要的事，像浴室地上的衣服，或垃圾的清除，影響我。我就省了那十塊錢了。

細　目	收　入	支　出	結　餘
			$ 50
未與家人吵架		$ 0	$ 50

然後，我選擇不在交通事故上花錢，畢竟我對交通狀況沒有掌控權，煩躁也於事無補。（注意：如果經常發生，我就需要提早出門，避免不必要的壓力。）

細　目	收　入	支　出	結　餘
			$ 50
與家人吵架		$ 0	$ 50
交通事故		$ 0	$ 50

當氣憤的訪客，或抱怨的學生接近時，我會記得：「梅立！這是『附帶的事物』，跟你的工作有關。當你發現自己需要面對這個人時，不應該覺得意外。別把事情個人感情化了。」留意，當你不把一些事個人化時，你就不會在上面花上你的感情財富了！當你不允許別人讓你內疚，或讓你變得自衛，把事情個人化時，難處的人也難不到你了。

細　目	收　入	支　出	結　餘
			$ 50
與家人吵架		$ 0	$ 50
交通事故		$ 0	$ 50
氣憤的訪客		$ 0	$ 50

所以，我不會在生氣的人身上花十塊錢，對當了機的電腦也一樣。這些情況不是我能掌握的，煩躁於事無補。因此，我又省了那五塊錢。記住，在這些過程中，我一直和自己對話，把對事情的正確看法調整回來，以及審查我到底如何支出我的感情財富。

細　目	收　入	支　出	結　餘
			$ 50
與家人吵架		$ 0	$ 50
交通事故		$ 0	$ 50
氣憤的訪客		$ 0	$ 50
設備問題		$ 0	$ 50

因為藉著聖靈，我在每個情況選擇掌握自己的回應，而不是讓它們挾制我，所以我已經省下了二十五塊錢。至於要優先

從9爬到5
How to thrive from 9 to 5:
You can do more than just survive on your job

處理的緊急事物，那些負擔的確讓我煩惱。不過，我不花十塊錢了，我改花五塊錢。對惹我心煩的同事，我也只花五塊錢。

細　目	收　入	支　出	結　餘
			＄50
與家人吵架		＄0	＄50
交通事故		＄0	＄50
氣憤的訪客		＄0	＄50
設備問題		＄5	＄50
沉重的緊急要事		＄5	＄45
煩人的同事		＄5	＄40

到了中午，我不僅沒破產，還留了四十塊錢在我的情感帳戶裏。我不在壓力下瞎忙，我的心態仍然在健康、積極的領域裏。結果，我整天都能比較妥善的處理事務。為什麼？因為我在學習選擇打哪一場仗；把情感財富花在有意義的事上；不讓瑣碎小事沖昏了頭。

現在，如果這些聽來瘋狂，我很抱歉。不過坦白說，這是我每天在使用的智力操練，幫助我調整自己對事物的看法。我是個很容易讓小事沖昏頭的人，我需要精巧的方法幫助我將聖經的真理付諸實踐。

你的敵人，撒但，不要你牢記神的真理，所以在艱難的日子裏，你知道該運用的原則卻忘了。到一天的終了，才發現自己失敗了，因為你忘了把所知的付諸實行。這個簡易的練習是我提醒自己記得實施一項原則：將負面的思緒改變為正面的思緒，妥善處理雞毛蒜皮的雜務，並保守思緒在腓立比書4：8的領域裏。試試看！你也會發現它很管用。

留神你對自己說甚麼

察看你對自己說甚麼。我們對自己說的話，常常提升我們

的壓力等級。你是否天天灌輸太多的負面垃圾進入自己的腦子裏？像「我不可能全部完成」，或「我就知道會是個倒楣的日子」，或「我太累了」，或「我無法與他相處」？留意你這些消極、沒有建設性的說詞。你沒有法子控制別人對你說甚麼，但是你可以選擇究竟要對自己說甚麼。如果你避免對自己說錯誤、不健康的話，你就能免除許多的壓力。

別被消極的人嚇著

你是否跟一個很消極的人共事或同住呢？你是否留意到消極的人有破壞氣氛的傾向呢？如果你在消極的談話中不懂得保護自己，那個消極的人就會毒化你的思緒。在我看來，消極的人把積極的人轉變為消極的人，比積極的人把消極的人轉變為積極的人要來得成功。（懂了嗎？）我從來沒有看到消極的人對自己消極的心態侷促不安。他們不會為此道歉。但是他們有本事讓你為了想積極思考行事，而感覺像個笨瓜般。

你要對抗！你不需要為想作個積極的人而道歉，你也不需要覺得不安或膽怯。要不斷告訴自己，如果他們要的話，他們是有權選擇消極，你也同樣有權力選擇作個積極的人。下面是一些對消極的人作回應的方式：

● 避免聽他們消極的言語。自己哼個曲調；想一些沒有關連的事；捍衛自己的心靈，對抗他們的消極。總而言之，別聽！

● 除非必要，別花時間跟消極的人在一起。一旦你知道不管情況如何，他們都會很消極，那麼避免跟他們共進午餐或小憩，不必要的話，不要跟他們喝咖啡或走在一起。如果你能找到方法跟他們分開工作，而不會太明顯或冒昧的話，那麼，儘可能分開工作。

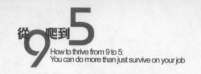
●改變話題。當消極的人開始說消極的話，改變話題，談談中立或積極的話題。有一個人學到只用簡單的一句「真的嗎？」，就應付了同事消極的話題。之後，他會改變話題。這是免除消極談話的一種靈巧而不冒失的方法。

●尋問解決方案。當消極負面的人開始抱怨時，問他：「好吧！你提到幾點有趣的事。那麼，有甚麼解決的方案嗎？你能怎麼樣改變局勢呢？」

●積極回應。重組他的負面敘述。當他們抱怨工作時，你可以說：「好吧！能肯定的是，這裏並不完美，但是至少你有份工作。很多人只要有一份工作就很高興了。」記住！你不需要因為表態積極而表歉意。他們可能反應更負面，但是別被嚇著了。保持你積極的優勢。

你就是不能讓別人把他們的消極心思灌輸到你腦子裏，因為它會污染、毒化你的思緒，讓你的心態惡劣。

記住「附帶的事物」

任何一種工作或情況，都附帶有某些負面的事物。即使一份你很喜歡的工作，那份工作仍然會附帶一些可能會破壞了你心態的事物。比如：我的商務訓練的職務需要我經常旅行在外。相信我，經常要搭深夜的班機，吃很爛的空中食物，遺失行李，住有霉味的旅館，提過重的行李等等，讓旅行並不那麼刺激迷人。

當我開始這項工作的時候，旅行的每一項不便都能令我心煩，我的心態也受很大的影響。後來我開竅了（我是一個學習緩慢的人），旅行既然是我工作的附帶品，如果我無法處理，

那就得離開我目前的行業了。但是我不可以讓職業內所附帶的
事物把我拖垮。

在你的工作上可能附帶的某些負面事物包括：

● 如果你的工作對象是顧客，你有時就得面對一些生氣、
強求、粗魯、不會感激、或是很蠢的人。這些都不應該
讓你吃驚，因為只要你必須面對顧客，這些情況都是必
然的。當你拿起電話或面對一個沮喪、發怒的顧客，你
應該這樣想：「這是預料中的事。我是被雇用來應付生
氣的顧客。這是我分內附帶的工作。」當你這樣想的時
候，你就掌握了情況，不會把任何情緒精力花費在這種
情況上，因為你拒絕把它個人感情化。

● 如果你的工作是要處理人的錢財，你可以預期的是一個
腦子健全的人，也會為一筆小錢的問題而「暫時」變得
瘋狂。這是錢財對人的影響力，所以它也是你分內附帶
的工作。

● 如果你是公務員，一般人會認為你要服務他們，他們付
你的薪水（巧的是他們的確付你的薪資）。因此，你
可能要處理苛求或強求的人，因為他們認為這是你欠他
們的。

● 如果你在醫學界處理病患或他們的家屬，他們會擔心病
況、害怕、情緒不好或發脾氣。他們在你工作環境中的
舉止，就不會像他們在一般正常的情況下那樣。因此，
你就需要更多的敏感度及諒解。

● 如果你的工作需要你經常旅行，旅行的諸多不便，也是
你分內附帶的事。

● 如果你的產品或服務，對你的顧客來說太昂貴，這些昂

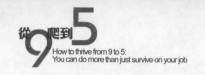
從9爬到5
How to thrive from 9 to 5:
You can do more than just survive on your job

貴費用的支出，將引起他們對此產品的相關問題癥結，作誇大的抱怨或過度的反應。

我曾經提供一家人壽保險公司顧客服務的訓練，那些雇員經歷過一些不太尋常的壓力。公司幾乎一夜之間接到一項龐大的合約，嚴重的增加他們的工作量。公司雇用新人來幫忙，但是依照正常的學習過程，要這些新員工能真正接手上任，也要好幾個月的時間。

這當中，有經驗的雇員既要面對緊迫的工作量，還要面對遽增的一群急待幫助、訓練的新人。此外，為了容納新員工，他們的工作環境也要做重大變動，像桌椅的挪移及重新擺設。每個人的工作空間不僅變小了，而且經常變動。

雖然公司為了適應新的成長而拚命處理，這份成功卻意味著暫時的工作困難。好幾個員工與我談及此事，充滿不少的抱怨及煩擾。他們切盼這些困難能儘快迎刃而解。

最後我告訴他們：「你們現在正在經歷一夜成功所附帶來的精神震驚和創傷。它帶給你們一些暫時的不便，但是也帶給你們更多的工作安全保障，給你們更多的晉升機會，因為你們的公司情況良好。它來的時機正是經濟蕭條，很多公司在裁員的時候。這些負面的情況是你們工作的『附帶品』。依我看，要處理你們公司的成就所附帶來的負面情況，你們有三種選擇。」

我給他們的選擇是：

1. 持續怨言、抱怨這些成功所「附帶來」的不便。不過那不能解決問題，而且會增加你們的壓力感及惡劣的心態。但，很不幸的，這是一個很多人所作的選擇。

2. 以感恩的心，接受這些暫時的不便，認識它們「附帶」正負兩面。

3. 辭職，另謀高就。（當然，這也會有你必須面對的負面結果！）

　　基本上，當我們面對工作所附帶的負面情況時，我們都有這些選擇。要提醒自己工作內必然包含、附帶的成分是甚麼，也要記得，你有選擇。不需要一個火箭專家就能知道第一個選擇是雙輸的選擇。在少數情況下，第三個選擇會是對的選擇，但是逃離、躲避很少能解決任何問題。通常，第二個選擇才是最好的選擇。在處理工作附帶來的負面情況上，它是一個雙贏的選擇。

數算你的諸多福分

　　對我們來說，專注在負面的事物上而忘記正面的事物，是太容易的事。最近我在旅館遺失了不少珠寶。顯然的我不會開心，而且想盡辦法要找回來。當地的警察來做筆錄，旅館的保安人員也盡所能幫我忙。他們不斷的向我道歉。但我對他們說：「喔！也只不過是珠寶而已。還好沒人向我通知說我家人生病或出事；我也很健康。丟了珠寶一點也不會改變我的生活。我有太多要感恩的事，我絕不讓這個不幸的事件影響我。」

　　你是否學會了在倒楣的一天當中，停下來數算自己的福份？把你對事物的正確見解找回來，這會是一個很好的方法。我們每月從收聽我的廣播節目的聽眾收到上千封的來信，其中有很多人告訴我們很不幸、很困難的境遇。每一次我開始自憐的時候，就閱讀這些書信，它們馬上提醒我，我的問題實在比多數人的困難容易多了。

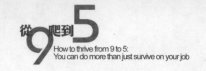
有個人給了我一個很好的意見。她把發生在他身上的好事保存在一個檔案裏，這些包括經理或顧客給他美好的信，領到的獎賞、工作優良的確認，受誇獎的信件副本，所有發生在他身上的美事記錄。每當他開始覺得自己一文不值或挫敗時，或一天裏好幾件倒楣事發生時，他就拿出檔案，重讀那些書信和好的報導。這是一個實踐腓立比書4：8的好方法：思想佳美的，而非惡劣的報導。

環顧你四周。你會看到有許多人處在比你更慘的境遇裏。伸出援手幫助他們吧！不過，別忘了數算你所擁有的福分。

早上的時光就決定了你當天的成敗

你每天的日子是如何開始的？匆匆忙忙、緊張、趕時間？你是否早上的心情都很不好？常常對同住的人或同事講話刻薄，甚至爭辯？如果你樂意規劃一下讓你每天的開始轉好一點，你的心態一定會大為改善，因為一天的日子好壞，「始」於晨。

把鬧鐘設定得早一點，然後放在房間的另一端，這樣你就必須起來關鬧鐘。如果你能自律，讓自己早起，每一天的開始，能有輕鬆的心情，每天的開始能有一點安靜的、多餘的時間，能用仁慈的話語、耐心對待親人及同事，你就會發現在心態上你將有多大的改善。

經常使用「心態審核表」

我要鼓勵你，多留意自己的心態。每天、整天決心採取做好的選擇正面積極的態度。記得，你的心態如何多半是你個人的選擇。我把自己使用的心態審核表為你附上，你願意的話，儘管使用。心態如何，沒有人可以教導你，但是如果你願意教導自己，就能學習改變、掌握自己的心態。下一頁的練習或能幫助你。

心態審核表

在這張表格上，妳的心態曲線如何？

0　　10　　20　　30　　40　　50　　60　　70　　80　　90　　100

完全　　　　　　　　　　一半　　　　　　　　　　完全
負面　　　　　　　　　　一半　　　　　　　　　　正面

☐ 多半正面（80 以上）
☐ 正面多過負面（60到80之間）
☐ 正、負面各半（40到60之間）
☐ 多半負面（30以下）

哪些事或人會破壞你的正面心態？

_____　　_____

_____　　_____

_____　　_____

_____　　_____

行動計畫：

1. 我將每天為下列每項負面心態禱告。

　　為諒解及慈愛的心禱告
　　為忍耐的心禱告
　　為神的心意禱告

2. 我將面對並改變下面的負面心態：

_____　　_____

_____　　_____

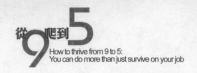
3. 我將學習補足或調整下列的負面心態：

_____   _____

_____   _____

4. 我將接納下列的負面心態，因為它們是我分內的「附帶品」：

_____   _____

_____   _____

5. 我將避免在下面的情況發生時，做負面的自語：

_____   _____

_____   _____

6. 我將保留自己的情感精力用在更重要的事上，而不浪費在這些無關緊要的事上。我經常過度反應，花太多情緒精力在：

_____   _____

_____   _____

_____   _____

7. 我將不讓我周遭負面的人來毒化我的思緒。這些人的名字如下，我的處理方案是：

負面的人   **我的處理**

_____   _____

_____   _____

_____   _____

2

第一、第二、
第三印象的重要性

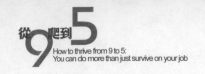
從9爬到5
How to thrive from 9 to 5:
You can do more than just survive on your job

我以專業訓練者的身分，走進這家芝加哥大醫院的急救室。我是跟他們定下合約，要執行一項長期的顧客服務訓練課程。我第一週的工作是要先私下熟習這家醫院，並收集有關哪些地方最需要改進的相關資料，使醫院能讓病人更方便使用。

櫃臺後面的護士對我蹙額皺眉。喔！她不是真的對我皺眉，因為她根本沒正眼看我。只是臉上有那個表情，好像吃了整天的酸檸檬般。她面部表情跟肢體語言一點都不友善。

我心想：「我絕不要她作我的護士！我連跟她說話都會膽怯。他們怎麼會把這樣的人擺在這樣重要的位置呢？」

後來我才知道，這個護士在那家醫院服務多年，根據經理們的說法，她是最優秀的員工之一。她很關心病人、盡職、工作優越。不過她的行政管理階層也知道她給人的第一印象很糟，要我以一對一的方式輔導她。接觸後才發現她是一個很不尋常的人，經歷過許多的逆境，不過在工作上的表現確實卓越。但是她給人的第一印象確實糟透了。她是故意的嗎？當然不是！她完全不知道她給人的最初印象是這麼負面。但是她給人相當負面的第一印象，影響她無法在職場得意。全然不必要的阻礙了她的晉升機會。

你給人的印象如何？

你是否想過你給人的第一印象如何？我相信你一定聽過第一印象是最重要的事，你絕對沒有第二次的機會能夠再給人第一印象。那是事實！不過，最近的那次印象是我們會記得的。還有，中間的那幾次印象也重要。這些也都是事實。

如果你在工作上不能持續的給人好印象，你就很難晉升了。給人好印象並不是裝出虛偽不實的外表；不是「阿諛逢

迎」，或玩弄政治手腕，而是我們盡最大的努力，改善技術，消除惡習，讓人記得我們正面的「好」，而不是負面的「壞」。

箴言14：8說：「通達人的智慧在乎明白己道。」通達人是一個聰明、深思、謹慎的人。這種人會思考自己的行為。你是個通達的人嗎？你最後一次認真審思自己的行為，是甚麼時候呢？這其中包括了：習慣、技巧，以及給別人的印象我當然不是鼓吹「專注」自我，而是鼓勵「改善」自我：例如審視自己的行為是幫助或轉移，鼓勵或破壞自己給人的印象。

箴言14：15這麼寫道：「愚蒙人是話都信，通達人步步謹慎。」你是否願意不審查究竟、正視事實真相，就相信、接納自己？你是否持續的、一廂情願的認為你給人的印象都是好的，而不去思考自己的為人及別人對自己的行為舉止的看法如何？

正因基督徒是在一個需要認識基督的世界裏工作，我們應盡其所能給人最好的印象。畢竟，我們是耶穌基督的使者，在這世界裏，我們代表祂。

保羅寫道：「我們留心行光明的事，不但在主面前，就在人面前，也是這樣。」（林前8：21）留心行光明的事，這種說法很好，那是因為我們確實需要花精力、專注（有時候甚至付出勞苦）行光明的事。

看法等同於事實

我們應當牢記：「看法等同於事實」。我們都是「以貌取人」的能手，我們很快就對人的最初印象下結論，對人、事、

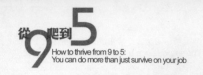

物形成某些看法。任何我們對他人的看法，或他人對我們的看法如何，不管這些看法是否真實、正確，都成了事實。

最近我商務講習會的一個學員寶陸告訴我，他心直口快的壞毛病，常無意中惹怒顧客。「我好像每次都能讓每件事走調了。雖然我從來無意傷人，或惹麻煩，但是我偏偏是出這種紕漏的能手。」因此，一般顧客對寶陸的印象很糟，認為他粗魯、不能體諒人。事實上他絕對不是這種人。

寶陸的上司建議他把自己與顧客的對話錄下來，事後上司會播放來聽，找出他的問題所在，幫助他糾正。寶陸告訴我：「梅立，一旦我知道自己的談話要被錄製，我的上司事後要聆聽，你絕不會相信我的改變有多大。我開始小心思考自己在說甚麼，仔細斟酌字句。結果我這說話急躁的壞毛病竟然隔夜就不翼而飛了！」

寶陸領悟到看法等同於事實，他知道了別人對自己形成的看法（靠著他經理的協助），讓他對自己選用的詞彙更警覺。他給顧客的印象立刻得到改善，因為他瞭解看法會是事實。

看法形成的結果

不管看法正確與否，看法的結果是一樣的。這一點對我們每一個人來說是非常重要。即使別人或許只憑外表來看我們，而下錯結論，用損傷我們的方式來理解我們，你我都要承受那個看法的結果。

因此，我們應該認真，盡我們所能讓別人對我們有好印象。如果我們所作的引起人負面的反應，而那是我們可以改變的，那麼，我們要知道那是甚麼，而且願意去改變。

　　我毫不遲疑的告訴你：你無法滿足每一個人。不管你作甚麼，總會有人不喜歡你做的方式。我們也無從要求自己完美無瑕，我們必須學習給自己時間、空間去成長、學習。我們當然不願意生活在取悅人的模式中，被需要去討人歡心所困擾。

　　不過，聰明的人會找出自己給人的印象是甚麼，要如何改善。有時這很艱難、痛苦，卻是值得的課程。改善別人對我們的看法，對我們絕對有益，因為是我們要承受別人對我們看法的後果。

我們需要看法的反應（feedback）

　　沒有人上班時蓄意破壞工作。你曾多少次對自己說：「今天我要如何惹惱一些客人？」或「今天我要如何讓我的經理生氣？」絕不可能！事實上，如果我能坐下來，跟你們每一個人談話，我確信你會告訴我，你真是用盡心力嘗試把事情做好。我們多半想把事做好。因為我們的動機良好，我們就很難想像別人對我們的看法會不同。

　　如果我們無法取得他人對我們的看法的反應，我們就無從改善，也不知道從何處著手，那麼我們會繼續犯同樣的錯誤。道理很簡單，因為要用別人看見我們、聽見我們的角度，看見、聽見自己是非常不容易的事。

度過反應的模式

　　當我們獲得一些我們不想要或並不期待的過於吹毛求疵的看法反應時，問題就來了。有誰喜歡被批評呢？不會是我，尤其是當我認為那個批評不公、不該的時候，更不可能。

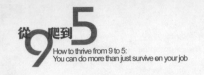
　　有一次，我在一間教堂對一大群婦女講習，我認為一切進行順利。但是到正午時分，有人遞給我一張紙條，內容文筆流暢，但卻是一個很直截了當的批評。雖然用字譴詞極盡婉轉，我得告訴你，我的第一個反應卻很糟：「喔！謝謝你跟我分享。」我是用「反應模式」。我反應了，我的第一個思緒是：「她以為她是老幾？送給我這張紙條？」然後我變得防衛了，繼而想：「好吧！妳應該起來、站在我這個位置做做看；它一點都不像妳看起來那麼容易、輕鬆。」再來，我開始自憐了，就想：「誰需要這種批評？我這麼老遠從芝加哥跑來，可不是來接受這種批評的。」

　　我覺得你會懂這種反應模式。我一直認為我需要學習避免使用反應模式。坦白說，我做不到。因為我認為正常人對不中聽耳的言語或批評，都會有防衛性的反應。即便是以建設性的方式傳達，也會如此。我現在的目標是：盡快從反應模式跳出來。當我還在這個模式中時，我必須閉嘴！不出一言！如果你在反應的模式中說話，一定會說出一大堆讓自己後悔的話來。

　　當我的情緒平靜下來之後，我坐下來重讀那張字條，思想她的建議。我發現其實她給了我一些很寶貴、很有價值的看法反應。我可以向你保證，我絕對無意在這群婦女面前製造壞印象。我以為我作得很好。再者，我絕對沒有想到，我所說的話會被解釋成紙條上所寫的；我只是全然沒有想到竟會如此。

　　我確實需要那項看法的反應。這樣我才知道聽眾是接收了什麼，他們的看法如何。否則，我會繼續做我認為對的，繼續給我的聽眾不太好的印象。缺乏看法的反應，我就無從改進我的技巧和能力。我若越能將自己放在別人的立場，我就越能作一個更稱職的演講者。

如何取得看法的反應

如果你真的想在職場上晉升、功成名就，而不僅僅應付了事，你就需要敞開心來，接納看法的反饋。徵求並接納它，因為那是讓你知道自己的所作所為，是否在別人眼中留下不好的印象的唯一方法。

那個說話特急的寶陸，以積極的態度面對看法的反應，把它當作改進的機會。他當然可以選擇停留在反應的模式中，變得自衛、指責顧客、惱怒經理、在過程中讓自己的血壓昇高、壓力增加、破壞自己跟經理的關係。那會是雙輸的反應。但是，他選擇了一個雙贏的策略：他承認自己說話衝動的毛病，願意採取一些行動來糾正。他沒有停留在反應的模式，而是進入解決問題的模式中。

許多人繼續停留在反應的模式中，生存在那裏。他們把每件事都個人感情化，很容易就武裝起來了，他們拒絕接受看法的反應。當你這樣做的時候，你不僅無法在工作上提昇，還會枯萎。晉升的機會與你擦身而過，與你絕緣。每天起床上班都成了很辛苦的事，你的壓迫感提高，表現就越衰頹。

如果你我想在職場上飛黃騰達，我們不僅要接納，更要尋求看法的反應。下面是一些建議，幫助你尋得反應：

1. 開始經常思想：「跟我一起工作的人、顧客、經理，對我的看法如何？對無法得知我想法，不知道我的意向，或跟我沒有相處經驗的人，我給他們的印象是甚麼？」你對別人如何看你越敏感的話，你就越清楚你的哪些言行不會給人好印象。

2. 徵求看法的反應。當你主動尋求別人的評語，接納他們的評語就容易多了。上次你徵求你的經理，針對你該如

何改進你的行為給你回應,是甚麼時候?經理們,你詢問下屬,你如何能更幫助他們有效工作,是甚麼時候?

3. 與神,跟自己訂契約。你不會活在「反應的模式」裏;當你進入「反應的模式」時,你會盡力閉嘴不出聲。

4. 接納批評。即使批評的方式不恰當,也樂意納為反響。試著把情感成分剔除,自問這個批評是否確實。迫使自己更客觀的考量自己。

5. 尋找更多的方法得到反應。把自己的聲音錄下來聆聽。電話錄音,把自己的講演錄影下來,請別人為你做評論。利用你能找到的任何受訓機會,幫助你獲得更多的反應。

6. 最重要的要禱告,祈求能汲取他人對自己看法的察覺力。求問神指示你隱而未現的錯(詩19:12)。神顯示時,把項目放在禱告清單上,特別為這些需要改善的言行,求神幫助。

不管你目前有哪些煩人的習性,令你無法給人好印象,當你年紀越長,會更惡化。如果你現在不改變,下個月、明年,會更難糾正。在生命的現階段,看來也許只是一點點煩人小事,十年、二十年之後,會變得令人發狂、吃不消!所以,你越快對付,越好。

預備接納看法的反應

當我們在處理如何改善別人對我們的看法這項大挑戰時,我們還要記住另外一項重要原則:靈命的健康與成熟,和我們處理看法反應的能力有密切的關係。我們對自己在基督裏的信

心越強，我們就對祂的愛及關懷更確信、放心；當我們越瞭解我們跟神的關係並不是建立在我們的成就上，我們就越能對祂如何創造、設計我們的生命而感恩，我們也就更容易誠實的看待自己，承認我們的軟弱處。

如果追求認識神在你生命中居優先地位，你會發現面對你需要改進的地方和承認你需要改變的事實，並不如你想像中那麼痛苦、艱難。對每一位基督徒來說，生命中不管是甚麼問題，基本上都會追溯到我們跟神的關係上。這個關係是我們所作所為的基石，是帶領我們度過生命中高、低潮的支柱。

當我們覺得很難認錯、很難接納批評、很難聽進改善的建議，也很難真心渴望知道別人對我們的看法的話，這些或許都是很危險的警訊，這告訴我們，我們跟神的關係基石不穩。果真這樣的話，問題一定是出在我們身上，而不是神。祂在等待我們與祂親近。

要藉著反省自己靈命的成熟度及對神的追求來預備自己，改善看法並接納反應。

✽ 改善看法的計畫 ✽

為了幫助你改善你給別人的印象，請查看下面的惡習，認出你常犯的項目，回答下面有關你的問題：

■ 別人說話時，常常打斷他們
■ 在公眾場合，嚼口香糖
■ 別人說話時，當著對方的面打哈欠
■ 別人還在說話，就替對方把話說完
■ 把口袋裏的銅板弄得叮噹響

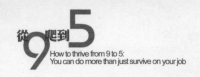
- 在談話中，拿著鉛筆敲桌子
- 跟別人說話時，不停的把玩頭髮
- 跟別人說話時，不能跟對方保持眼目交接
- 握手時，有氣無力
- 不時加入一些很明顯的贅詞：如「喔、你知道的、好呀、是喔」等等
- 常會使用一些俗語或錯誤的文法
- 坐著的時候，常陷在椅子裏
- 走路姿態拙劣，或拖著腳走
- 穿著邋遢，如襯衫角掉出來，或衣服皺巴巴
- 頭髮沒梳好，蓬亂或不整潔
- 指甲沒剪，或未清潔
- 說話聲音怠慢、輕率
- 以過份、做作的謙恭態度或語氣應答
- 說話太快、聲音太大
- 說話細聲細氣
- 因為衛生習慣不良、不當，而口臭
- 吃飯的時候，張著嘴嚼嘛食物
- 吃得太猛
- 滿嘴食物說話
- 啜食、啜飲
- 不苟言笑
- 不先打招呼，如「早！」
- 常用指責的口吻，置對方於必須自衛的處境
- 眼睛盯著對方
- 很容易變得自衛
- 常發脾氣

如果你誠實的回答上列的問題，你的看法成績如下：

打x的數目	你給人的印象
1-5	卓越
6-10	良好
11-15	一般
16-20	差
20以上	劣

下面是一些給人好印象的方法：

1. 找個可以信任的好朋友回答你的問題，看看你對自己的看法跟他的看法是否相差很遠。（事實上，你也可以反過來為他作答，也幫助他看看他的看法反應如何。）

2. 為收集看法反應作計畫。下面哪些項目你願意實行，好讓你得悉別人對你的看法？

●尋求經理或其他可信任的人的評論及反應。

●接納任何批評，把它當作是一個思考別人如何看自己的機會。如果其中有建設性的批評，就花時間改變自己。

●針對根除自己在問題１所找出的劣習，作一個計畫。（使用提醒自己，暗中控制及自制的方法來達成。見第三章。）

●把自己跟顧客、同事及朋友等的談話錄製下來，然後聽聽自己在電話中是怎麼應答的。你只需要一部錄音機及一個插頭，把它接在電話聽筒上。（根據錄製電話語音的律法。你應該讓對方知道，你為了訓練自己，將會錄製你們之間的對話。）

●用錄影機練習你的談吐，或用錄影的方試試看自己在人前的表現如何。

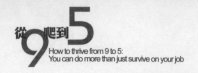

●其他：＿＿＿＿＿＿＿＿＿＿＿＿＿＿＿＿＿＿

3. 為自己訂定具時效的特定目標，並對某個特定的人負責，你才有可能把自己的這番用意變成確切的行動。請對方三不五時的與你聯繫，查看你的進度。

3

改變，
究竟難在哪裡？

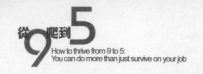
凡退休之後來替我工作。其實他還不想退休，所以七十歲的他做兼職，幫助我推展我新的電台廣播節目。他本人曾在廣播界工作三十五年，所以他能勝任工作，而且他在廣播界有人脈。有歐凡在我的工作團隊裡實在是我的福氣。他精力充沛，像一個四十歲的人那樣有幹勁。

但是——有這麼個東西叫「電腦」！他從不曾使用過。而我的作業一開始就已經電腦化了。為了替我工作，他必須在年過七十才學用電腦。多數的人會說：「我沒法學電腦，我太老了。」大概連試都不試。但歐凡不是這樣。

「我才不讓甚麼機器打垮我。」這是他的態度。所以他就開始對付電腦。事後我才知道他當時有多顫驚，不過他沒透露。他是一點一點的學會使用電腦。絕大部分藉著死背、強記的方式，但是他迅速、有效的學會了。

歐凡願意冒險、嘗試，改變他過去整個職業生涯的作業方式。他沒有游說我放棄使用電腦；他知道電腦是未來生活的趨勢，所以他改變自己。

「改變」只是兩個字。但是當你嘗試改變時，會發現它不只是那麼兩個字而已。它是一種挑戰！我們很少人喜歡在生活中接納改變。多數人對任何改變都會又踢、又叫、又鬧。改變是危險的，是未知的；它讓人不舒服，是一件苦差事。怪不得我們能躲就躲。但是不改變，我們就不能改善、成長。你是否能從「九」爬到「五」，跟你是否樂意改變有絕對的關係。

為什麼改變那麼困難？

身為職業訓練專員，我是被聘來嘗試教人作改變。所以我

有很多機會，觀察一般人對習慣的生活方式需要作改變時的反應。當然我很清楚自己並不那麼情願改變。雖然我常常談論改變，也試著觸發人接受改變的動機。我發現我仍然很難改變自己為人處事的方式。為什麼？

1. 改變需要時間。有句話說，養成一個新習慣需要二十一天，但是去除一個老毛病，卻需要六十五天。這是說改變通常不是輕而易舉的事。改變需要時間及意志。你必需願意堅持到底，直到完全改變成功為止。

2. 改變並不舒坦。改變就是會令人覺得不對勁。每一次我們嘗試新的事，總有那麼一點的尷尬和陌生，令我們覺得不安，自我意識很強。我們要踏出那個已經處了很久，覺得很安適的環境，會感覺似乎有好多雙眼睛都在盯著自己，等著看我們跌倒、失敗，嘲笑我們白費勁。

3. 容易忘記。既然改變要花時間，我們就得記住要去改變，要去做跟以前不同的事。但我們會很容易忘記！這通常只是記性的問題。

4. 改變看起來不見得豐富人生，反而具威脅性。繼續待在自衛反應的模式裡，不去面對、接納改變的必要，比起勇敢的面對艱難，接受改變，實在要容易多了。

5. 改變需要紀律。缺乏自律的人在生命中難得作任何改變，因為他們懶散、凌亂，沒有組織能力。

願意面對自己

這裡還有一個作改變的障礙。任何改變的前提，是要承認

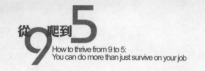

錯誤。多數人就是拒絕謙卑的表示：「我需要改變。」是那條古蛇的驕傲鑽進我們的心智，我們抵制改變，因為我們不肯承認自己確實需要改變。

門徒問耶穌說：「天國裡誰是最大的？」（太18：1）耶穌便叫一個小孩子來說：「我實實在在的告訴你們，你們若不回轉，變成小孩子的樣式，斷不得進天國。所以，凡自己謙卑像這小孩子的，他在天國裡就是最大的 。」（太18：3-4）

為了要成為神的兒女，我們需要改變；這是耶穌說的。我們必須承認，我們不能照自己的本像進入天國；我們必須願意謙卑、改變。當耶穌告訴那些人，他們需要改變，成為小孩子的樣式時，他們中間很少人樂意。

那麼，今天在你、我的生命和心智裏，又如何呢？是否有那麼個愚蠢的驕傲阻止你說：「你知道那就是我真的需要改變的地方。藉著神的恩典，我願意改變得更好。」

要記住，神對你的愛絕對是信實的。祂不像人，祂不會依據你的行為和資歷施予愛或收回愛。當你發現在自己的生命中有不夠完美的地方，神一點都不會驚奇。祂早就知道了，祂甚至知道你所有的一切，而祂對你的愛及關懷並不會因此而動搖一丁點。

耶穌不會因為你的失敗或短處而給你當頭一棒。祂只渴望能幫助你面對你自己，讓你能從那些惡習和有害的行為中得到釋放。祂對你存最美的心意，所以你可以儘管對祂坦白、誠實，不必有被拒絕或受懲罰的恐懼。因此，儘可能誠實的面對自己。要讓任何重大的改變成為事實，這一點是絕對必要的。

如何開始改變？

為什麼，你對自己已經知道需要改變的地方，卻尚未做改變呢？你會說：「我試過了，梅立，但我就是沒辦法！」

好吧！你正需要從這點起步：承認你無法靠自己做到。我們每個人都有成篇的故事，可以告訴人我們曾經多努力想改變一些惡習，還做了一個新年的計畫要重新開始建立好習慣，答應自己，向神許願，我們要做改變。幾天或幾個星期過後才醒悟，不得不承認維持不了多久，行不通。

要改變，我們首先必須領悟，靠自己是辦不到的。這套說辭聽起來似乎很矛盾，但，這是事實。保羅寫給哥林多教會的信上說，只有當我們知道自己有多軟弱的時候，我們才有可能剛強。（林後12：10）很多時候我因自己無能改變而喪志。我只好說：「主！我想要改變，但是我辦不到。主！我想這是不可能的事。」當我終於放棄改變時，我能看見祂面帶微笑，聽見祂說：「我就是在等著你領悟到，你絕不可能靠自己來達成。」

今天的人文主義學家告訴我們，人可以做到他們想做到的事，成為他們想成為的人。「我甚麼事都能作，」正是這世界的體制要你相信的。但那是個謊言。你沒有辦法靠自己達成，但是你可以靠著那加添你力量的主做到（腓4：13）。你我都可以達成神所交託我們，吩咐我們，要求我們去做的事。這兩種哲學理論有天壤之別。當你領悟到自己並不能自立、並非自足，知道自己有多軟弱，而每天來到耶穌面前支取力量時，奇蹟才會開始發生。

也許你需要藉著承認自己無能為力，來開始走上改變的旅程。無論如何，跟神，你不需要偽裝；告訴祂，祂早已知道的事：你沒有能力改變；但是祈求祂以祂的大能來改變你。

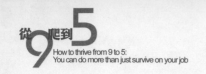

一旦你踏上了這一步，你就站在起點的門檻上了。下一步，是殷切祈求讓改變成就在你身上。你知道自己需要改變的地方；每天為此禱告。提醒自己，改變起初不會舒適，要下定決心度過這段不安適的階段。

然後你要樂意把改變所需的自律擺上。在那段二十一天或六十五天的改變過渡期，要委身向某人負責，以便幫助自己持守這項新紀律。找一些提醒自己的方法，每天都能推動你的記憶，使你不會忘記去改變。

不過要記住，沒有聖靈的力量在你生命中，你是辦不到的。如果你存著一個念頭，認為你能夠靠自己的毅力和決心改變，你多半會失敗。如果你知道神要你作一項改變，你應該知道，神也會給你能力去做那項改變。神從來不會叫你靠自己的力量去作任何事，因為祂知道我們有多軟弱。

在那段過渡期，要預備跟神常常有快速的交談，那時你要說：「幫助我！主！我的毅力開始動搖了，我的自律慢慢消失了，我的記憶力好像也模糊了。主！我必須要有你在腓4：13所說的應許：我靠著那加添我力量的，我凡事都能。」

就像在基督徒生活中的每件事一樣，你是要藉著信心來改變。如果你願意憑著信心踏出去，遵行這些建議，那麼你會經歷一些令你驚異的事。改變雖然不容易，但是一旦達成，會讓你滿足。對那些渴望學像耶穌的人來說，改變是必須的；對任何想要事業有成，而非僅僅偷生的人來說，更是如此。

如何在生命中實現改變？

比如說我在一家很好的公司上班，而且我是一個好雇員。我工作勤勞，心態良好，知道我的職責所在，很能與人同工，

是個好幫手。但是，不知怎的，我有個怠慢、粗魯的聲調。

現在讓我們假定，你是我公司的顧客，有一天你打電話來，正好是我接電話。你最先聽到的是我怠慢的說話聲。我用字正確，但是你聽到的是我的聲調而不是我說的話。那個聲調訊息是：「我現在很忙，為什麼挑這個時間打給我？我不樂意接這個電話。」現在你看，我雖然不是這個意思，但是我讓人聽來像是這麼回事。

因為你不認識我，所以你是以表面的認知評斷我，你就開始對我形成一個壞印象。（記得嗎？看法就是事實。）對話繼續進行，我回答了你的一些疑問，提供你資訊，幫助你，但是我仍然用這種粗魯、怠慢的語調應答你。雖然我幫了你，但是因為這個語調，令你仍然對我沒有好印象。

當我們掛斷電話，你會想、或自語、或對人說；「哇！他怎麼這麼粗魯。」然後你很可能會把你對我的這個印象轉達到我的公司。「你曾不曾跟ABC那個公司的人說過話？那些人好沒禮貌！」若你是一個很武斷的人，你會決定向公司抱怨我，打電話到我的公司，找我的經理，告訴他你跟我在電話上交談過，我在電話上很沒禮貌。

現在我的經理拿這件事，跟我對質，說：「梅立，有個顧客打電話來抱怨，你對他很粗魯。」

「甚麼？」我答。「你在開玩笑吧？我對顧客從來不粗魯。」這樣幾回合，我的經理認為我怠慢、粗率的語調是問題癥結所在。他說我需要下工夫改掉這種聲調。但是，我不認為。畢竟，我的心地良好。我語調怠慢又能怎樣？我就是這樣的人啊！（順便一提，我們常常這麼說；「我就是這樣的人。」拿這個作惡習的藉口，或當改變是必須的時候，讓自己

從9爬到5
How to thrive from 9 to 5:
You can do more than just survive on your job

好脫身。）

但是我的經理繼續向我解釋，雖然我倆都同意我並未蓄意粗魯，但是因為我的語調怠慢，讓人有這樣的看法。我的經理堅持，改變那個看法的唯一途徑是，改變我的聲調。這個字又出現了：改變。

「喔！」我對經理說：「我實在不知道怎麼改變我的聲調。我一直都是這麼說的。」他說即使我一輩子都是這麼發聲，我仍然可以改變。他就給了我一些意見、點子，幫助我。

現在是我的挑戰了。我現在必須從我慣用多年的「怠慢、粗率」的常習，轉變到「友善」的新習性裏。我願意嘗試改變。但是要我真的從「怠慢」變成「友善」，我需要三件事：

1. 承諾及自律。我必須堅定心意，不管要花多少時間，不管會有多少不適，我一定要堅持，直等到我把這「怠慢」的聲調改變為「友善」的聲調為止。

2. 提醒和巧妙的方法。為了幫助我能度過二十一天到六十五天的轉變期，我需要找到一些提醒記憶的工具和事物，幫助我守住這條改變的道。

3. 責任。在這個情況下，責任是不能避免的，因為我的老闆會查詢。很多時候，我必須激發自我責任感，好讓自己對別人負責。

那麼，我已預備好負起這項重任，要把自己「怠慢」的聲調改變為「友善」的聲調。我承諾、樂意去改變。我的老闆建議我每當拿起聽筒時要記得微笑，而且要在對話中一直保持微笑。我在電話旁邊，貼了一張小紙條，上面寫著：「繼續微笑。」而且，我知道我的老闆會不斷視察我。有了這三樣，我

開始說著手改變了。

電話鈴響了，我告訴自己：「梅立！要記得微笑。」我把微笑掛在臉上，拿起聽筒。（我已經搖擺的跨出嬰兒般的一小步，邁出「怠慢」的常習。）但是，我覺得臉上的微笑實在太蠢了。我認為每個人都在看我。（這當然不屬實）。所以，笑臉快速掛上的，也一樣快速垮下來。

我掛上電話，自言自語：「你做得不太好。下次笑臉要多掛一點。」一天下來，我對微笑覺得自在一點了。但是，兩個小時之後，開始忙碌了，我也忘了。結果我又像以往一樣，回到我那「怠慢」的舊習模式裏了。

過了好幾個小時，我才想起來我忘了要改變！所以我對自己說，得再從「怠慢」的舊習踏出幾步嬰兒步了。一點一點地，我開始向「友善」的新習進展了。

我必須每天都這樣努力，大概也會繼續在「怠慢」的舊習裏進出幾次，但是當日子一天天的過去時，這樣的次數減少了。如果我真正承諾；如果我有這些提醒我的工具、方法和事物；而且如果我不是一個臨陣逃脫的人，我會發現，兩、三個星期之後，我的聲調真的變得友善多了。不要多久，我大概多半時間連想都不需要想，聲調就是友善的。事實上，即時我沒有意識性的微笑，聲調也是友善的，因為我已經把聲調改變成我腦子裏構思的聲調了。這就是說我現在的聲調自然悅耳。這個轉變的過程我以圖表的方式這樣記錄下來：

改變，難在哪裡？

 怠慢的  友善

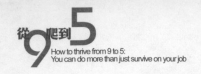

永久的改變

時間（21-65天）

承諾　　　　　　　　提醒
工具、事物　　　　　責任

改變就像這樣。你可以把它套用在任何你想在生命中，或工作上做的改變。比方說，你發現「蜻蜓點水」式的握手，給人的印象很不好，因此定意要能握手更穩健。那麼，你需要在能很安適的穩健握手上下功夫，記得在握手的時候要穩健，要度過轉變期。否則，你會繼續那種讓人感覺冷漠，對你印象不好的「蜻蜓點水」式握手。

使用清晨的儀式來啟動改變

或許你可以在每天清晨建立一個簡單的儀式，提醒自己去改變。清晨是在一天的時間溜走之前就提醒你的最好方式。我每天早上在安靜的時間就這麼做，而且已經做了好幾年了。我每天的例行公事之一，是把自己內在的人裝扮起來，就像裝扮我外在的人一樣。我會記得在出門前把恩慈、溫柔、平和、容忍、感恩和耐心裝扮上。這樣會提醒我在一些我意識到需要改善的地方作改變。

使用下頁附上的程式，記下你需要做的改變，和所需採取的步驟。

✱ 改變的程式 ✱

使用三項必要步驟，促成你知道在自己生命中需要的改變。

所需的改變	可能的工具	目標時間	責任
需作改變的項目	能使用來幫助你改變的技術、事物	從你開始做改變後的21到65天	知道這項計畫會鼓勵你的人
_____	_____	_____	_____
_____	_____	_____	_____
_____	_____	_____	_____
_____	_____	_____	_____
_____	_____	_____	_____
_____	_____	_____	_____
_____	_____	_____	_____

4

溝通，
策略的本名

從9爬到5
How to thrive from 9 to 5:
You can do more than just survive on your job

有一個中型公司的總裁，對其公司錯誤的溝通所導致的損失，實在厭煩極了。「我們浪費了很多時間和金錢，只因為我們不知道如何溝通」，他對他的行政管理人員這麼說。「我們要馬上開始執行一項運動，叫做『重述一遍我說的話』。我要製作大幅的旗幟，掛在公司各個角落。我也要傳送一份通知給每一個員工，解釋這項運動。」

幾個星期之後，員工習慣了總裁的新概念。不管是商業會談，一對一交談，小組會議，或電話洽商，每一個員工都會作結論說：「請你重述一遍我說的話。」對方就要把所聽見、理解的，再說一次給他聽。

當然，剛開始沒有人喜歡。這是一項改變，我們已經看見了，我們都不輕易接受改變。不過，因為它是總裁提倡的運動，他們曉得他們沒有甚麼選擇可言。所以一天天過去，他們就對「……」更習慣了。而它只是一個讓每個人領悟到清晰、不含糊的溝通，是多麼重要的一個簡單的技巧。

12個月之後，因為溝通的改善，這家公司在他們盈餘的結算表裏，看見顯著的結餘。由於這項簡單的改善溝通運動，錯誤、過失降低，生產力增加，因為需要花在更正那些錯誤的時間都省下來了。「但是，」總裁說：「我們還有意想不到的意外收穫。因為溝通的改善，消除了員工之間的惡劣關係，鼓舞了團隊的精神。這應該是這項如何有效的溝通運動所帶來的最佳成果。」

你曾經說過幾次：「喔！我跟那個人的溝通不好」？或「我們真的沒好好溝通，對嗎？」我想正確、有效地溝通是我們所能獲得最好的，但也是最困難的技巧之一。溝通基本上是很不容易，想好好溝通我們就必須學習溝通的技巧，在生活中改善、維持良好的溝通。成功的人多半是好的溝通者，經常努

力改善他們的溝通技巧。

記得哥林多後書8:21說道：「我們留心行光明的事，不但在主面前，就在人面前也是這樣。」養成好的溝通技巧需要經過一些「痛苦」，但是毅力讓我們得到這樣的回饋：表現提高，關係改善，壓力減低。

✳ 言語上、語氣上、肢體語言上 ✳ 我們是如何溝通的

如果我們想成為比較有效的溝通者，我們需要瞭解溝通程序的動力。一般來說我們使用三種方式來彼此互遞信息：

1. 言語的溝通：你的措辭
2. 語氣的溝通：你的聲調
3. 非言語的溝通：肢體語言、面部表情、穿著打扮、眼目交接，身體姿態等

當我在一群人面前講演時，我知道他們聽見的不只是我向他們說的話。如果文字是唯一的或最強而有力的溝通工具，那麼我們可以光就閱讀，而沒有甚麼理由要發出聲來。但是我的話語對人群具有多少的影響力，要看我的措辭如何，我的聲調有多熱切，我的穿著如何，還有其他能讓我的聽眾加深印象的非言語的技巧。

有趣的是，這些溝通方法的影響力各不相同。換句話說，有些方法會比別的方法有力，如下圖。

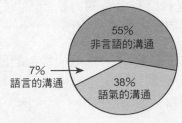

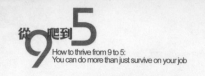

從9爬到5
How to thrive from 9 to 5:
You can do more than just survive on your job

這個圖表顯示，非言語的影響力最大。我們眼睛所看到的比耳朵聽到的印象來得深刻，而聲調傳達的也比說的話語影響力大。你若仔細思考，就會發現當你第一次見到一個人時，經常會經由你雙眼所見的下第一個結論。對方開口之前，你就已經概括地形成你對他的強烈印象。

一旦對方開口說話，根據他的聲音，你對他的印象又再進一步發展。不管他的用詞多好，只要語氣輕率或過於死板，好的話語聽來也並不見好。人是先聽到語氣，才聽見字句。

下面三章，我們要深入的探討這三種溝通的方式。 每一種都很重要，值得我們好好討論。

發展好的聆聽習性

若不論及聆聽的技巧，就沒有一項溝通相關的討論會是完整的。你是一個好的聆聽者嗎？本章結尾附上聆聽者的測驗，幫助你回答這個問題。

如果你我想在職場上有所成就的話，聆聽是一項具有決定性的技巧。想想好的聆聽力能為你帶來甚麼：

●好的聆聽，帶給你更多的資訊，而資訊就是力量。自己在說話的時候，絕對無法學習到任何事物；但是聆聽提供我們學習的機會。不管在任何一個場合，你若擁有更多的資訊，你就會擁有更多的力量，因為你是以知識及意志，而非無知與懦弱在處理事情。

●好的聆聽，使你免除困難的處境。當你能聽得專注、持久，就不至於太衝動，讓自己難堪。當你養成聆聽的技巧，就比較不會常常讓自己出醜。

●好的聆聽，讓對方覺得他會受尊重。對方也會更喜歡
你，因為你聆聽他說話。聆聽改善人際關係。我確信你
在某些人際關係中常常會想：「他從來不聽我說甚麼！」

●好的聆聽，幫助你把精力放在別人身上，而不是自己身
上。會關注他人的人比關注自己的人，來得快樂、滿足。

辨認你不良的聆聽習性

市面上有很多聆聽方面的書籍和課程，因此這個主題要整
本書才能蓋過。但是我相信我們採用一個簡單的方式，就能確
實地改進我們聆聽的技巧：辨認你最糟糕的聆聽惡習，並訂下
目標來改進。

幾年前我面對一件事實：我生性不是一個好的聆聽者。有
些人的個性就是比別人懂得聆聽。可以說他們天生就是這樣。
然而，像我這樣衝動型的人，多半未繼承這種好的聆聽技巧。
我知道我需要改進。

所以，我辨認出自己最糟糕的聆聽惡習，開始進行改進。
我絕對相信今天的我，比三、四年前的我是較好的聆聽者了。
我也知道，我還有很長的路要走。但是察覺自己不良的一面，
幫助我改變。

仔細考慮這張典型的不良聆聽習性清單及改進方法：

1. 當別人說話的時候，你在想自己要說的話。

我們多半只是在等輪到自己該說話的時間，而不在聆聽
對方說話。我們有話極欲表達，所以當我們應該聆聽的
時候，卻在腦子裏打草稿。對衝動型的人和行銷業的
人來說，這是一個常患的通病，因為我們認為我們要說

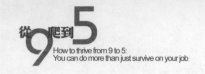

的話很重要。事實上，有好的聆聽技巧的人，比有好的說話技巧的人，達到更多的銷售成果！

糾正方法：對自己說話，提醒自己聆聽。提高注意力是唯一的糾正方法。有些情況，在聆聽的時候作筆記能有幫助。如果情況不允許，那麼發展你的腦力去集中注意力。只要你願意、你肯，就做得到。

2. 打斷對方說話。

這是一個很明顯的壞習慣，很讓人惱怒。當我們認為對方錯了，或對方講個不停，令我們厭煩的時候，我們常會打斷對方。

糾正方法：告訴跟你親近的人，別忽略你這個壞習慣。當你想要打斷談話時允許他們阻止你。如果他們能這樣做，常聽到他們說：「對不起！你又打斷我的話！」幾天之內你就會厭煩，開始改變這個壞習慣了。

3. 替對方把話說完。

跟打斷別人一樣，這個壞習慣也會干擾良好的溝通，令人厭煩。這也是我常有的壞傾向之一，因為我很在意不浪費時間。如果別人有困難把話接下去，我會變得不耐煩，開始替對方說話。你若細想，這個毛病不僅煩人，而且態度有點高傲、不尊重，認為你自己有資格替別人說話。

糾正方法：與「打斷他人說話」同。

4. 思緒遊走。

不管是因心智或環境因素分心，都會讓我們的腦子轉向，聽不見對方在說甚麼。我常常說儘管我在點頭，表情誠懇，注視著你，但是我一個字都沒聽進去，因為我有這個思緒遊走的壞毛病。

糾正方法：聽的時候，作筆記，減少會令自己分心的事物。當我開始對付我這個思緒遊走的壞毛病時，只要情況允許，我讓自己作筆記。在電話上、在辦公室、教會裏，或會議中，寫下別人說的話。這樣做，會強迫你集中注意力，使思緒不會到處遊走。而且，這些筆記將來也很方便使用。

當你該聆聽的時候，務必除去會讓你分心的事物。我常常一心兩用，一邊聽，一邊打電腦，看書或文件，或翻閱紙張。但是，我們很少能一邊做其他的事，一邊還能好好把話聽清楚。聽的時候作筆記，解決了這個問題。

你或許需要處理環境的干擾。旁邊的噪音，鄰座談話的聲音，音樂的音響等等，這是我們在職場最常面對的一些典型事物，它們會使我們無法好好聆聽別人說話。當你在講電話時，可以用手勢請他們移開到別處。想法子降低周遭的吵雜聲。

5. 選擇性的聆聽。

這個壞習慣是選擇性的聆聽上半部，沒聽下半部。你可能聽完前半部，就假設自己知道下半部是甚麼，而沒繼續聽下去，不聽了。或者，因為你不喜歡前半部的話，所以不聽下半部了。實際上也有可能倒過來，你喜歡前半部，但是不想再多聽了。

糾正方法：在你周圍貼上紙條寫：「別選擇性的聆聽，提高你的自覺性！」從一早開始、整天都要提醒自己。告訴自己必須全部聽完，不能只聽前半部。

6. 心存成見的聆聽。

當你把個人的成見帶進談話中，你多半就犯了心存成見的聆聽錯誤。舉個例子，如果你去修車行請教修車的事，如果是個女修護員過來你或許有成見：「女人懂甚麼修車？」你會這麼想。即使她是一個專業技師，你可

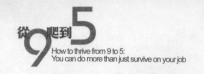

能因為對性別的歧視而聽不下建議。

我認識一個人，一向教授英文文法，他對任何使用錯誤文法的人都帶成見。一旦他聽見或看見文法不正確，就會認定那人是沒有受教育的，因此不值得他聽取。

其他的成見包括代溝或年齡，文化或種族，或地域的成見。幾年前當我第一次帶著濃厚的南方口音，從喬治亞州搬到北部時，我留意到許多人會重複對我說的話，好像我有重聽一樣。漸漸地，我才了解那是一般人對南方人的一種成見，以為我們緩慢的說話方式，表示我們的腦筋也遲鈍。這是對地域有成見的一個例子。

糾正方法：辨認自己的成見。要留意自己是否根據他人的長相、穿著或地位、性別、種族或其他，而輕看他們。你對自己的成見認識越清楚，就越能避免這些成見。

7. 防禦性的聆聽。

這種趨向的人把每件事個人化，以防衛的方式回應。這就表明他是一個以自我為中心的人，認為每件事都影射自己；或是一個很沒有安全感的人，很容易覺得內疚。

糾正方法：記住！當你變得防衛性時，你勢必要面對某種問題或困難了。可能與對方叫罵，或傷心，或讓對方也變得自衛。

如果對你來說，這些毛病聽來熟悉的話，我建議你從中挑一個最明顯的毛病來處理。記得有關改變的說明。你不可能隔夜就破除這些惡習，但是藉著決心、巧妙的方法、提示、及責任感，你一定可以看見長足的進步。

避免溝通不良的方法

我們今天想解決的問題，多半出自昨天、上週，甚至上個

月的一些溝通不良。它可能只是簡單得像對日期、時間的誤解，卻造成很多不必要的壓力。

任何儘早避免溝通不良的嘗試、努力，日後都會有收穫。下面四個建議都可用來預先澄清不良的溝通。

認識溝通的屏幕

不管在哪一種溝通中，每一個發信者和收信者之間都有很多障礙，需要跨越，才能清楚溝通。我稱它們為「屏幕」，你必須通過這些屏幕才能彼此溝通。這個圖解顯示我們所面對的一些屏幕。

這個圖表並不是我們日常面對的屏幕最詳盡的清單。不過這些是比較常見的屏幕。依據我們的背景、經歷、教育程度，任何一種屏幕都可能導致自己所傳達的訊息被誤解。因此，如果我想免除溝通不良和誤解，我必須學習如何通過對方的屏幕，把訊息傳達給對方。

舉個例來說，如果我是個女人，在跟一個男人說話，我知道我們之間有一個性別的屏幕。我也知道男人比女人說話來得直，不善於領悟「話中有話」。所以即使我不是很瞭解我在交談的這個男性，我仍然可以推測，如果我不小心通過那個性別的屏幕，確認我所使用的字句明確了當，我們的溝通很可能出差錯。

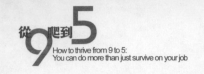

如果我是與一個具有分析個性的人說話，我知道那人的個性使然，會需要更多的細節，會問更多的問題。如果我不願意提供資訊，就很可能導致溝通上的錯失。如果你想在職場上成功，你必須開始瞭解你與談話的對象之間存在的許多屏幕。調整這些屏幕，避免溝通不良或誤解，會使職場生活簡單多了。

重複

重複我們說過或聽到的話，大概是解決大部分溝通不良，最簡易的方法。需要重複的起因是：我們絕不能假想自己的傳達夠清晰，而是要認定我們未能清楚溝通的可能性非常大。

數目、日期、時間、開會地點都需要重複。尤其是通過電話傳達的時候更須如此，因為電話線似乎很容易搞亂那些數字和指示。多半的情況下，再次以書信肯定這類傳訊是明智的。只要你與人訂約，再重複一次。一旦你同意某項行程或期限，重複一次。任何時候你向人報價或估價，重複總沒錯。預先多花幾秒鐘的精力能省下以後數小時的頭痛。

改述

這是我在本章前面所說的「重述一遍我說的話」的概念。改述的話通常是這樣開始的，「讓我清楚我的理解是否……，」或「那麼你說的是……」多使用改述，你就能在誤解產生之前先澄清了。重述也表示我們的尊重和關懷，讓對方覺得特別，因為你花時間弄清楚你沒有聽錯了。

追蹤

電話、傳真、備忘錄和書信都是很好的追蹤方式，讓我們

清楚任何一項傳訊沒有被誤解。我發現在我的公司裏我們需要常常這樣做，免除令人沮喪、尷尬的不良溝通。我們建立了許多追蹤的系統，特別投注心力，來免除錯誤。我們用自己設計的程式、表格，我們有標準的方式處理某些訊息，讓事務不出紕漏。而且我們繼續不斷尋找改進的方法。

想想你在哪方面常常需要更正錯誤，解釋情況，或收拾殘局。你能預先作甚麼，以便防範預見的問題發生？這些或許不在你的工作職責，但追蹤絕對使你的工作減輕許多。

✳ 聆聽者的測試 ✳

查看當你參與談話時，常常、有時，或難得做出下列的事。

	常常	有時	難得
1.點頭回應演講，或以「對」或「懂了」簡單肯定。	☐	☐	☐
2.從對方的外觀決定是否值得聽下去。	☐	☐	☐
3.決定使用自己的偏見。	☐	☐	☐
4.集中注意力在對方說話的重點，並對自己重複主要的字句，幫助自己的記憶力。	☐	☐	☐
5.一聽到自己認為不合意的說法，立刻打斷。	☐	☐	☐
6.回應之前先確定自己是否聽清楚對方的論點	☐	☐	☐
7.喜做結論，說最後決定性的話語。	☐	☐	☐
8.選擇性的聆聽，剔除自己認為不重要的信息。	☐	☐	☐
9.防衛性的聆聽，把每件事私人化。	☐	☐	☐

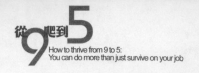

10. 常常在對方話還未說完，就中斷他的話。 ☐ ☐ ☐

11. 對方一停頓，馬上想自己下一句話要說甚麼。 ☐ ☐ ☐

12. 用心智或言語替對方把話說完。 ☐ ☐ ☐

如何計分

問題1，3，4和6：

每一個「經常」的答案，給自己10分。

每一個「有時」的答案，給自己5分。

每一個「難得」的答案，給自己0分。

問題2，5，7-12：

每一個「經常」的答案，給自己0分。

每一個「有時」的答案，給自己5分。

每一個「難得」的答案，給自己10分。

總　分

60以下　　你已經形成一些不良的聆聽習慣。

70-85　　你的聆聽尚佳，但是還可以改進。

100以上　　你是一個很好的聆聽者。

5

改善
你用字遣詞的技能

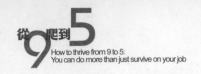
我在機上預定的座位上安頓下來，那是個機艙隔板前第一個位置，前面沒有座椅。空姐要我把手上的包包放在我的座椅下，我照作了。就在我繫上安全帶，做好起飛準備的時候，一個人過來坐在我的後座。看到我的包包，他站過來，雙手插腰，大聲說：「挪開你的包包，這不是你放的位置，我不要你放這兒。現在就挪開！」

我把包包移開。其實我是想用包包甩他，不過我設法忍住了。但是，那段飛行時間，因為那個乘客對我說話的態度，讓我坐在那裏耳朵直冒煙。十五分鐘之後，我才想出一些可以反駁他的話來，但是我沒有機會使用。（我常常要花十五分鐘時間，才想得出絕妙好辭。）

那人選用的字句令我生氣。我不介意挪開包包。他只需要說：「你不介意挪開包包，好讓我有多一點空間放腳吧？」我會很樂意，不作二想。所以，不是「挪開你的包包」那句話惱了我，而是他選用的字句惹到我。

在我們的生活中，尤其在職場上，這種情況經常發生。我們隨意散播信息，沒有考慮這些話對他人的影響，而且經常不在意這些影響如何。

把字句當子彈

在職場上僅僅平凡生存未能功成名就的人，常把言語當子彈使用。他們會有這樣的心態：「我想甚麼就說甚麼；我腦子裡有甚麼，我就說了。如果你不喜歡，就拉倒，那是你的問題，我還是說我想的！」他們甚至對這種心態引以為豪，好像很值得稱讚似的。

實際上他們說的是：「我要開口向任何一個方向發射，你

要是不幸中彈算你倒楣。」這些人不只用言語傷了很多人，他們也使用言語像子彈一樣，射傷自己的腳踝。

箴言16：21說：「心中有智慧，必稱為通達人；嘴中的甜言，加增人的學問。」甜言意味著在言語上加糖衣，容易聽得入耳。我們每次這樣做的時候，不僅對他人好，我們也比較能讓人願意去做我們要他們做的事。這是一個雙贏的作法。反過來說，把言語當子彈是夠蠢的行為，顯示自己對言語的力量欠缺認知。

聖經說：「生與死都在舌頭的權下，愛把弄這權柄的，必自食其果。」（傳18：21）既然你我愛說話，我們心裏就當準備自食其果。你是否曾經嚐過這種苦頭？可不好嚐，對吧？不過，我們若謹慎擇言，選擇賦予人生命，而非致人於死地的言語，那麼我們說的話會更甜美，更容易被聽的人接納，讓聽的人受用。

你或許聽人說過：「木棍、石頭會折斷我的骨頭，但言語絕對傷不了我。」這句俗語或有可取之處，但是我們要知道言語能，也確實會很傷人。我們都被言語重傷過，有些人受傷過重，甚至無法從這些傷害中康復，得醫治。

如何改進語言技巧

若想在職場上功成名就，需要很小心選擇用詞。箴言21：23說：「謹守口舌的，保護自己免受患難。」換句話說，當我們更懂得使用容易被接納的字句，而非令人煩心、防衛、消極的話語時，我們會避免很多的問題和憂傷。我們應當如何改善自己的言語技巧呢？

我多麼希望這世上有一種藥丸，能治療你說出不得體話時

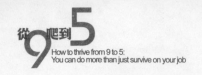
的難堪。相信我，我是那很典型說話未經思量的人，常因為聽見自己才剛說出口的話而恐懼。令問題更複雜的是，你無法收回出口的話。你當然可以道歉，設法緩和事態，可是話一出口，駟馬難追，那些話會懸在你們之間，造成一些傷害。

所以該放聰明一點，話出口之前，自己先聽清楚，想明白。提高你對字句選擇的認知，經常提醒自己、傾聽自己將說出口的話。大衛說：「耶和華啊！求你看守我的口，把守我的嘴。」（詩141：3）我把這段經文跟其他一些有關口舌的經文寫在我的禱告日誌上。我經常為此事能在我生命中成就禱告。成果的確不同凡響：我對字句的選擇比過去敏銳許多。當然我還有很長的路要走，不過我在話出口之前先思想的能力進步了，因此也省了許多事後的憂傷。

現在當我說錯話時，能立刻自覺，因此那些苦毒的字句在我口中的滋味使我能避免再重蹈覆轍。我從錯誤中（我的心直口快所引起）學到很多教訓，設法去改進：「抱歉！我不該說這種話。」這是改進言語技巧的一個方法，雖然心裡不好過，但是很有效。

另一個改進的方法是聽聽你周遭的人怎麼說話。你知道嗎？從好、壞的角色模式我們都可以學習如何說話。在我進入職場生涯之初，有人給我一些很好的建議。他說：「你可以跟差勁的老闆學到跟傑出的老闆同樣多的教訓。」所以，應當多觀察、聆聽你周遭的人說話。當你發現某人的字句運用良好，聆聽、分析他選擇的字句。當你聽見某人用字像子彈那樣傷人，也能從他差勁的用字中學習。

避免用錯字

當我在接受IBM的銷售訓練時，經歷了一些令我精疲力竭的

操練，學習對「可能的」和「既成的」客戶說適切的言詞。瞭解銷售的契機並不穩固，對身為銷售代理的我來說相當重要，讓我有機會在銷售定局時，已經準備好正確、適當的字句。

同樣的，我們也需要瞭解言語的危險區域，尤其是當詞句的選擇會是成功與否的關鍵時更是如此。面對這些危險區域，我們需要預先準備，適當小心選用字詞。

有些字我們應當一概避免使用。這些字句包括防衛性的、不在乎的、信息不好的、專制口吻的、指責性的、輕視人的、粗心大意的、重複累贅的、文法錯誤的字句、俚語和空洞的術語等。

防衛性的字句

防衛性的字句容易出口，尤其是當對方指責你的時候。當我們受不公正的指控或指責時，我們會全心想保衛自己、自己的公司或我們的朋友。不過，一旦你使用防衛性的言語時，你就注定失敗了。

提醒自己，你是要成為一個處理、解決問題的人，而不是讓問題擴大的人。防衛性的言語使問題擴大，因此應當避免。必要的話，即便必須咬緊你的牙關，也不要讓防衛性的言語出口。盡量避免誰對誰錯、誰做了、誰沒做的問題，要單刀直入去解決問題。你是一個解決問題的人，那麼尋找能使你盡快進入解決問題的言詞。

不要說：「不是我的錯，」或「我沒犯那個錯，」或「我們沒這麼做，」而要說：「好吧！看來這件事上我們有點誤解。不過，最重要的是如何解決問題。讓我們看看我們能怎麼處理。」或「抱歉！有點誤會了。讓我看看能不能幫你的忙。」

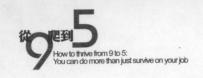
從9爬到5
How to thrive from 9 to 5:
You can do more than just survive on your job

用這樣簡單的句子：「有些誤會了」，你很有禮貌的讓對方知道，你沒有興趣證明誰對、誰錯，你關心的是解決問題。這句話讓你順理成章的處於處理問題的位置上，繞過要花時間找出誰該挨罵、卻不見得會有收穫的議題上。有時，為了要避免使用防衛的言語，即使你相當清楚自己沒有錯，仍然要擔當部分責任。比方說，對方用「你告訴我……」或「你說……」那麼，你不要開始跟他辯論你沒有，而要說：「好，我不記得說了，最近我的記憶力不怎麼好。不管如何，我們現在可以這麼做……。」或者「或許我沒有解釋清楚。讓我再試一次。」

一個往上爬的人，不會浪費時間或精力在無謂的防衛上。你越能避免不必要的防衛，你的壓力就越少，自己會越有效率，表現得也越專業性。

「我不在乎」的言語

你曾多次聽到：「這不是我的分內工作，」「不是我們部門的，」或「我不知道」？我相信你跟我一樣，已經聽得數不清，也懶得記幾次了。當有人這麼說時，你知道那人不是不在乎、不關心，就是想攆你走人。

要傳達同樣的信息，你可以用一些比較好的方式：

● 「我不想給你錯誤的資訊。或許智敏能幫你……。」
● 「如果我行的話，我會樂意幫你的忙，但是我們這裏沒有這樣的資訊。」
● 「或許我不是回答你這個問題的理想人選。讓我幫你轉接……。」
● 「我不知道，但是我可以找出來。」
● 「好問題。讓我幫你接這個人，他會有答案，能幫你。」

不好的信息

你是否常常需要傳達一些對方不想聽的信息？比方說，「你的訂單來遲了，」或「他不方便，」或「我今天沒法子處理。」你還沒開口就知道信息不好的話，不管你的措辭多好，對方都不會高興的。不管何時，你有壞消息的話，基本的處理原則是：軟化它的衝擊力。盡量用最簡單的方法傳遞它。找個積極、正面的方式來傳達負面的信息。別停留在動彈不得的地方；盡快越過去，到你能有所作為的地方。

不說：「我們無法把你的訂單送出，因為你的帳單已經過期。我們的期限是90天。」

要說：「我當然樂意寄出你的訂單，一旦我們能收到你的付款，我們就能發貨。有一個帳單已經超過90天的期限，即使我們只收到部分付款，我們也可以立刻把貨寄給你。你是否能隔天匯張支票給我們？」

不說：「今天我絕對沒辦法完成那份報告。」

要說：「如果今天我能趕完報告，我一定辦到。不過，我相信明天一早我能處理。行嗎？」

當你無法做到別人對你的要求，我想在回答「我不能」之前，你若說：「但願我能」會有所幫助。然後看看你能作的，而不要專注在為什麼你辦不到。我想最後那個例子，如果你說了下面這段話，就錯了：

「你看，我今天還有五份報告要寫，下午還要出席一個沒有預定的會議。此外，這是月底了，主管在等月底結帳的數字。畢竟，我只是一個人，沒有三頭六臂。」

多半對方不想聽為甚麼我們不能做，我們做不到的事，這

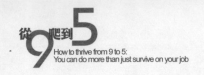

種說法聽來很自我防衛和發牢騷，因此，只要盡快去做你能做
的事。

專制口吻的言語

沒有人願意聽別人發號司令。我們對專制的言語，本能的
感受不好，盡可能嘗試避免獨裁者的聲色。把你的指示改為問
話，就很順耳。

不要說：	要說：
「我待會兒再回你。」	「麻煩你待會兒再打來好嗎？」
「坐一下，我馬上來。」	「煩請你坐一下好嗎？」
「等一下。」	「我可以請你等一下嗎？」
「填這份表。」	「你不介意填寫這份表格吧？」
「下午兩點做好。」	「你能在下午兩點準備好嗎？」

如果我們就只學會「問」而不「告訴」這個小技巧，我們
就能大大地改進我們的言語技能。從留意自己如何對人下令開
始。既使你有權指示別人去做事，「詢問」的方式仍然比「告
訴」的方式更能激勵人。要使你的工作省事的話，要選擇能激
勵人的字句，而不是令人喪志的言詞。

當然，有時候指示必須以肯定、明確、果斷的方式傳達。
顯然的，每一項法則都會有它的特例。但是說得甜美，總比出
口酸溜管用。所以，要詢問，不要告訴。

指責的語

如果有人這麼對你說：「你犯錯了，」「你的數字錯
了，」或「這個字你拼錯了。」你會如何反應？指責的話會導

致防衛性的言語。所以我們要確定我們不會因為我們的用字而令別人變得自衛。（他們可能為別的理由而防衛，但是至少我們不要促使他們如此。）

如果必須指出過失或錯誤，使用不傷情面的方法：

「我沒有查字典，但是我想這個字應該這麼拼。可不可以請你查一下？」

「數學我不拿手，但是這欄看來好像不能平衡。是不是我錯了？」

「我可以理解你為什麼跑出這個答案，但是你有沒有考慮到……？」

我的客服研習班有個成員瑞查，在一家電腦軟體公司上班，他的職責是幫助顧客解決軟體問題。顧客通常會認為是軟體出問題，實際上問題通常是出在軟體的使用錯誤。瑞查說：「我指出他們的錯，解決他們的問題。但是他們仍然不舒服，因為我告訴他們不是軟體的錯，是他們的錯。」

我說：「你傷了他們對電腦知識的自尊心。找一個能避免指責顧客，挽留他們面子的方式。」我建議他如此說：「你知道，別的顧客也有同樣的問題，你不是第一個。」或「起初我也有同樣的問題。」或「或許我們的手冊在這一點上說明得不夠清楚。」挽留面子通常能使對方不需要自衛。

輕視的言語

「那個意見不好。」「那樣很蠢。」「那個建議夠笨。」「你只需要把表格送來。」「如果你讀了說明，應該就看到了，像1，2，3那麼簡單。」

簡略的言語，像老師對學生、父母對孩子說話，我們這些

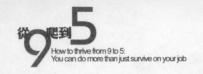
成年人都不喜歡。注意下面這些說法的字句：「傻瓜，你怎麼會問那種蠢問題？」通常是我們選擇的字句，加上我們說話的語氣，令人有被看輕的感覺。

我認為，當我們跟年長的人，或有語言隔閡的人說話時，小心用字特別重要。當你與他們說話時，聽來可能是很看輕人，把他們當小孩子對待。同時，對一個提出我們認為不必要、蠢、或答案顯而易見的問題的人，我們必須很小心用字。用字不當，很容易聽來很看輕人。

粗心大意的言語

我可以把這本書和其他書籍，全填滿粗心大意的話語。這些字句的用意多半是鼓勵性質或好玩的，但是聽來卻是另一回事。

我的好友馨弟為了重考高考正在努力用功。上週日我對他說：「我們會再次為你禱告，考試順利。」我是想鼓勵他，但是它聽來卻像是：「你上次考不過，雖然你得重來，我們還是會支持你到底。」（順便一提，很少人第一次就考過了。）幸好，馨弟是我的好朋友，他笑笑，就饒了我。我但願自己是用不同的說法。我對自己用字粗心大意深感遺憾。

不久前，有個朋友提到他的一本書，我在一群人面前取笑他。「用這個方法推銷你的新書可真卑劣」，本只是想開玩笑，但是卻傷了他，我能理解。我用了粗心大意的言詞。我用了不必要的字句，為此我道歉了，但是說出去的話像潑出去的水，收不回來。

箴言10：19提醒我們說：「多言多語難免有過，禁止嘴唇是有聰明。」我留意到，當我話多、持續嘮叨時，很快地我會

說出一些不該說的話。雅各這麼說：「但是你們個人要快快地聽，慢慢地說，慢慢地動怒。」（雅1：19）

耶穌警告我們說：「我告訴你們，凡人所說的閒話，當審判的日子，必要句句供出來，因為要憑你的話定你的義，也要憑你的話定你有罪。」（太12：36-37）。

贅詞、錯誤文法、俚語和空洞的術語

我們需要查驗我們說話的技巧，看看這些劣等言語會讓我們顯得不專業、口齒不清晰、教育程度低，或對聽眾唱高調。

贅詞是重複使用，讓人開始數算的字句。比較典型、常用的是：

你知道	你懂我的意思
好呀	真的
喔	像
基本上	

我們通常不會察覺這個劣習，因此我們需要別人幫助我們處理。如果你有這個毛病，在你身邊擺些標誌，寫些像這樣的句子：「別說好呀。」或告訴人：「當我又說你知道，麻煩你說，不，我不知道。」這樣幾天下來，你就會開始除掉這些贅詞了。

很明顯的文法錯誤，會對你的形像不利。留意一些已經成為我們的口語，但是文法錯誤的片語。斬除它們，因為它們會毀壞你的專業形像。

同樣的，俚語也會給你一個不好的形像，因此你也需要除去它們。今天常用的俚語包括：「嘿！man！喲！」或「man！

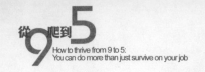

從9爬到5
How to thrive from 9 to 5:
You can do more than just survive on your job

糟透啦。」（其實意思是：還蠻不錯嘛！）

空洞的術語是你公司內部使用的片語、專用語，這些語辭並不為外人所知。如果外人不瞭解這些行話，那麼它們會讓人困惑、覺得自卑、不舒服。缺乏這個認知，你會讓人覺得像個門外漢，所以小心不要在他們面前賣關子，用這些術語、專有名詞高談闊論。

有助益的語辭

前面我們專注在我們不該使用的言詞上，但是我們已經看到，語詞不僅有致人於死地的力量，也有賦予人生命的力量。我們需要更主動的來運用語詞，幫助、鼓勵、醫治、安慰、激勵，並結合人群。

箴言16：24說：「恩慈的話好像蜂巢中的蜂蜜，使人心裡甘甜，骨頭健壯。」另一句箴言說：「一句話說得合宜，就如金蘋果在銀網子裡。」（箴25：11）一句恰當的話可以是很簡單的誠心恭賀、愉快的「早！」、一個「請」字、一句「謝謝」、或「我能幫得上忙嗎？」今天我們好像常常缺少了不久之前特別重視、強調的，單純而無傷大雅的玩笑和禮貌。讓我們確實教導、訓練下一代，使用這些簡單仁慈的字、句。這是我們能灌輸在孩子、員工，任何一個我們有影響力的人身上的好習慣。

增加使用賦予人生命的語詞的一個方法是，把你對他人已經想到的好處說出來。當你想到：「我喜歡他那個髮型。」就說出來。當你看到電梯裡的一個陌生人，身上穿的套裝很漂亮時，告訴他。當你的上司妥善處理了一項會議，恭賀他。如果我們就開始把腦子裡正面、積極的思緒說出來，我們很容易就會成為以言語鼓勵人的贊助者。我盼望你會委身實行。

好了，你將如何給自己的語言技巧，也就是如何選用字、詞打分數？開始聽自己怎麼說話，看看你是否能找到自己在這一方面需要改進的地方。下面的練習或許對你有幫助。

✽ 改善言辭的技能 ✽

你會使用哪些字來傳送下面的信息？

1. 對別人所提出的問題，你無法回答，因為你不知道。

_____

2. 你需要向一個顧客解釋，他的保單過期了，因此你無法免費維修他受損的設備用品。

_____

3. 你需要向同事點出他在報告上犯的錯誤。

_____

4. 經理指控你提供顧客錯誤的資訊，但是你未曾跟那個顧客談過話。

_____

使用下面的字碼，把這些句子分類：

D＝防衛性　　　　　　I＝不在乎的字句
B＝不好的信息　　　　T＝專制的語詞（告訴，非請教）
F＝指責的話　　　　　C＝輕視人的言詞

____「喔，這事你不能責怪我；我根本不在這裡！」
____「如果你看了指示、說明，你應該知道該怎麼做。」
____「對不起，這事我無法幫助你。」
____「當事情發生的時候，你要記得告訴我。」
____「今天我們絕對沒辦法找到修護人員。」

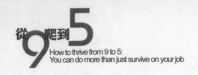
_____「就像我說過的，你只要送表格給我們。」

_____「誰告訴你是我說的？我從沒說過！」

_____「把這個放回原處。」

_____「我沒有一點概念。」

_____「誰來電？」

_____「你太年輕了，不會瞭解的。」

_____「你來這裡的時間還沒我長。」

_____「我現在就需要。」

_____「就在那邊，你只是還沒找到。」

在下列情況中，你能使用哪些主動積極的語辭？

1. 你的同事剛剛晉升。

_____

2. 你蠻喜歡上司的領帶。

_____

3. 一個朋友剛剛失業。

_____

4. 有人特別盡力幫你的忙。

_____

5. 一個同事減重了，很好看。

_____

6. 你的經理剛剛告訴你，因為經費關係，他受指示必須解雇三個職員。

_____

6

改善
你說話語氣的技能

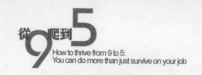

「**但**是，梅立！」他對我說：「在我的辦公室裏，我大概是最熱忱、賣力的銷售員，第一個上班，最後一個下班，我真的很喜歡我的工作！」皚綸要我相信他真的是一個很熱忱的人，雖然聽來不像那麼回事。實際上，它聽來死氣沉沉的，因為他的聲音一點都沒有反映出他的心緒，反而聽來死板、單調、乏味。

「我相信你，皚綸，」我說，「但是我不是你電話那頭的『可能』顧客。那些人不知道你很熱忱，但是他們聽到你的聲調會下結論，認為你對你的工作不熱忱，沒有活力。這樣對你在競爭強烈、艱難的商業界裏工作而言，一開始就已經很不利了。你擔負得起嗎？何況你的收入是依據你的銷售成果而來。」

你看！皚綸犯了一個很多人都會犯的錯：以為他的聲調就跟他的感受一樣。再者，當他上完我的訓練課程，我指出他需要在說話聲調中加入更多的熱忱，我能感覺到他並不以為然，仍不認為聲調、語氣有多重要。不過，當他聽到他與一些可能的顧客談話的錄音帶時，他驚異得目瞪口呆，也就是在那一刻他嘗試說服我他的確是熱忱的。

皚綸從來未曾聽見過自己的說話語氣，像別人所聽見的一樣。當他面對了自己平淡乏味的聲調這件事實，他對他父親說：「聽見那錄音帶的聲調，我簡直不敢相信！我的聲調的確單調！」

「你這一輩子說話一直都是這樣。皚綸！」他父親說。皚綸更震驚。

那天皚綸學到一個好功課：別人在聽見你的話語之前，先聽見你的語氣、聲調。你可以把世界上所有的好話都說盡了，但是用錯了聲調，那些話就傳達不了甚麼。

你的聲調勾繪出甚麼畫面？

當我們與人在電話中交談時，總會在腦海裏勾畫出對方的形像。當我們終於見到這個人時，通常會很驚愕，他們跟他們的聲音不一樣！

你曾經從錄音帶聽見自己的聲音嗎？應該有。你怎麼想的？我想你的第一個反應是：「那不會是我吧？」你看！當我們在說話的時候，我們聽到的聲音跟對方聽到的不一樣。我們自己雙耳之間發出的聲音，跟我們的聽眾所聽見的大不相同。

相信我，即使我收聽自己在收音機的聲音十年了，事實證明你所聽見的仍然跟我自己所聽見的相差很遠。當我第一次從收音機裏聽見自己的聲音時，我立刻把它關掉。我當時真想一頭鑽到桌子下。那個聲音沒有我想像中那麼世故、老練、專業。但是一週連聽六天，我被激勵了，要好好花時間改進我的聲調、語氣。

五種你可以掌握的聲調

聲調並不全是我們可以控制的。但是，我們若能在這五項上努力下功夫，我們的聲音就會為我們成就大事。

聲音的活力

你的聲音是否聽來友善、熱忱、充滿活力？這項顯然是聲調技巧中最重要的部分。如果你的聲音本質上聽來親切、友善，有生氣，那麼你已經處於優勢，減少了其他許多聲調的問題（如，你無法說得既快，又友善），還能掩蓋過一些我們無法控制的弱點。

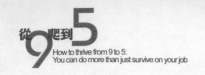

要記住，友善、親切並不意謂偽善、做作。你一定聽過有人在電話上使用虛假的腔調。他們想發出親切的聲音，但是終究聽來做作、虛偽。所以我們不是在找超熱忱、超甜美的聲音。而是在找一種帶有「我是一個親切的人」那種窩心的聲調。

記得嗎？我們曾經提到我們需要一些技巧來幫助我們改變。要改善說話聲調，你能找到的一個最好的招術是：微笑！

當我們微笑時，我們的聲音自然會窩心，當然在說話時也要一直微笑。或許你會認為，你無法一面笑一面說話，實際上當你不刻意去想的話，你一定能，而且常常如此。問題是，為了改進你的聲調技巧，要開始花心思微笑，你會自覺愚蠢，認為別人都在看你、笑你。

這就是當你要從處了很久的常習中跨出來時會有的感覺。不過，要記住，幾天之後這種愚蠢的感覺就會消失，不僅你的聲調技巧會改善，你的臉色也會更好看，因為你會更常微笑。

不過也要知道，做作的笑跟誠心的笑對暖化聲調同樣有效。意思是說，即使當時你並不想笑，尤其是你沒有笑的意願時，那麼你需要勉強自己笑。把兩邊的嘴角上提，讓臉上出現笑容。聲音就會改善，若你繼續這樣，你的心境也會如此。

箴言15：30提醒我們，「眼有光，使心喜樂；……。」愉快的表情讓人心快樂。因此，即使你當時的微笑起初並非出自真誠，但是它會在你心中產生化學作用。藉著這樣的微笑，你會開始覺得愉快，當你微笑時，自然更能讓別人快樂。

說話的速度

你的聲音是否聽來急促、忙亂，或舒緩、有耐心？我們每

個人都用不同的速度說話，但是，如果你一向說話快速，你就製造了一個感覺，讓人覺得你沒有時間跟他說話，或不知道自己在說甚麼，或你溝通不良，因為別人無法瞭解你。

我發現我們很多人會在某些時候說話太急促：
● 當我們匆忙時
● 當我們興奮時
● 當我們需要常常重複同一件事時
● 當我們被威嚇時

一般或某些特定時候，我們都需要把說話速度緩慢下來。一些能幫助你的招數是，在你身邊，尤其是電話邊，擺一些提醒標語。同時，請常在你周圍的人在你說得太快時，給你一個暗號，讓你能夠覺醒。要記得，你自己不會覺得快，所以你需要一些方法幫助你來改變這個毛病。

當然，也有可能話說太慢。如果別人會常常替你把話說完，這就暗示你大概需要加快速度。說話很緩慢常會顯得似乎不肯定，甚至智力差。不過，這個問題比說話速度太快還少見多了。

說話的聲量

你是否說話讓人聽來軟弱或像在威嚇人？有多少次你在電話中需要把聽筒拿得遠遠的，因為對方的音量震耳欲聾？聲量過高會令人煩躁、不安、或受威嚇、不悅。有趣的是，我們會毫不猶疑地告訴人：「我有困難聽見你說的話，你能不能說大聲一點。」但是有多少次我們會告訴人：「你說得太大聲了，讓我耳朵發痛。能不能請你小聲一點？」

如果你的音量既大聲又深厚，你確實會震破別人的耳膜，

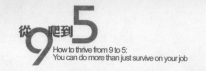
尤其是在電話上，但是你從來不知道，因為沒有人告訴你。所以查查看吧！問那些經常跟你通話的人，在電話上，你的聲音是否很大。如果是，那麼在身邊放置一些記號，讓自己習慣降低音量說話。或者請教身邊的人，給你意見。通常，如果你的聲量太大的話，你的同事會很樂意幫助你！你需要幾天的時間來調整、適應較低的聲量，但是別放棄。你的聲調技巧會有大幅度的改善。

就另一方面來說，如果你的聲音太輕聲，會讓人聽來似乎很不肯定、不踏實、甚至懦弱。雖然有時候柔和的聲音很有效，但是，如果你的聲音是典型的輕細，那麼你的聲音可能不會具有專業和自信。

你需要練習提高聲量。當你開始這樣做的時候，你大概會覺得自己在尖叫。對那種不舒適的感覺，你要有心理準備，但是要記得，太輕巧的聲音表達不出果斷或自信的語調。因此，讓自己習慣使用大一點的聲量，是值得你花心力的。

聲音的音域

你的聲音聽起來是否格外的年輕或具有相當的權威？有沒有人打電話到你家，對你說：「你爸爸或媽媽在家嗎？」這大概就暗示你，你的音域是在高音階裏，因為那個音域讓我們的聲音顯得年輕。雖然我們都很樂意要看來顯得年輕，但是年輕的聲音就工作上來講，卻不是資產，並沒有價值。

這是我個人需要努力改變聲調的一個區域，因為我發現我的音域比自己想像的還要高出許多，而且當我很興奮或熱切的時候，聲調更高。這裏有一些招數幫了我的大忙：當你一個人獨處，沒有外人在聽的時候，用「低沈的狼聲」開口大聲念

出。記不記得當年你是如何讀「小紅帽」的故事給你的孩子聽呢？當你念到那隻大野狼的時候，你會用低沈的聲音。就那樣練習，把你低沈的聲音再誇大，直到你覺得很滿意為止。集中精神練習，要不了多久，我就對這個低音域的聲音開始覺得自然且舒適。當我聆聽自己在收音機的聲音時，我發現有很大的改善了。

不過，要是你的聲音天生就是低音域，要注意必需是親切的。一個缺少活力的低音域，聲音聽來會像吆喝、不親切。但是如果自然低沈的聲音，再加上親切的口吻卻是大利。

發音的清晰度

你的咬字清晰或模糊？想想看：當你跟　個措辭發音優美的人說話時，通常你的第一個印像是甚麼？這個問題我多次詢問我的訓練課程成員。不可避免的，答案幾乎都是：「有智慧」、「很聰明」或「有學問」。說話清晰給人留下專業的印象。

留意某些腔調附帶來的一些壞毛病。我們南方人常常把字句的頭音和尾音省略，一般人很難聽懂。要改進發音的清晰度，你需要多挪動你的嘴唇。嘴唇難得一動，發音就模糊、不清楚。你還需要在說話上的其他惡習上下功夫。

本章附上的練習題是要幫助你識別自己說話、語調上最大的缺點，並提供你既實用又簡易的步驟，來糾正這些壞毛病。要記得，別人是先聽見你的「聲音」，然後才聽到你的「話」。

記住：「我們留心行光明的事，不但在主面前，就在人面前也是這樣。」（哥林多後書8：21）真的，主知道你的心意是要親切、友好，但是別人不是你肚子裡的蛔蟲。如果你的語調

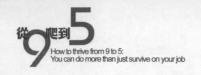
不柔和，你很可能給人一個錯誤、負面的印象。我們需要歷經痛苦才能糾正錯誤，那就意味當你說話時，須要費心去微笑，盡力改善你的聲調技能。

聲調技能的測試

　　找個錄音機，念幾段話錄下來。當你放出來聽時，要像從來沒聽過一樣，聆聽自己的聲音。誠實無偽地回答下面這些問題，看看你對自己聲音的認知如何。評估自己的聲音之後，把錄音帶拿給別人聽，用同一張表格請他們評論你的聲音、語調。然後比較這兩張評估表。

	是	否	也許
1. 聲調友善、親切嗎？	☐	☐	☐
2. 聲調的抑揚頓挫如何？	☐	☐	☐
3. 聲調有生氣、活力嗎？	☐	☐	☐
4. 聲調誠懇嗎？	☐	☐	☐
5. 語調速度恰好嗎？太慢或太快？	☐	☐	☐
6. 聲量適當嗎？太大或太柔和？	☐	☐	☐
7. 音域宜人、悅耳嗎？不會太高或太低？	☐	☐	☐
8. 發音清楚、易懂嗎？	☐	☐	☐
9. 你認為這個人大概多大歲數？	☐	☐	☐
10. 這人說話的語調，像是樂意幫助你嗎？	☐	☐	☐
11. 你會相信這個人嗎？	☐	☐	☐
12. 這人聽來熱忱嗎？	☐	☐	☐
13. 在他的聲音裏，你聽得出他在微笑嗎？	☐	☐	☐

7

改善你的肢體語言

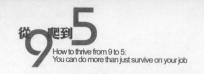

「**梅**立！你在煩甚麼？」「出了甚麼狀況？我幫得上忙嗎？」「如果你需要有人談談，我會很樂意聽。」

這些是多年前我走在我的大專校園裏聽到的話。那是我第一次見識到非語言溝通的力量。在接收到很多類似的關懷問候之後，我才明白當我深思或專心在某件事上的時候，我的神情會看來憂慮、迷惘、煩惱、困擾。其實我並不覺得自己憂慮、迷惘、煩惱或困擾。但是這些卻是我臉上的表情、走路的姿態和其他肢體語言所傳送的信息。

我們連一句話都不需要說，就在傳送信息了。想想看：一看到某一個人，在對方還未開口對你說話之前，你就已經根據自己雙眼所看到的，形成了你對他的印象。讓我們探討一下人與人之間的溝通，這些肢體語言的層面。

我們的穿著

有許多書，也有許多講習課程，論及有關成功的穿著、代表權勢的領帶、董事會議室色彩的禁忌等。當然有些的確是過於誇張，但是不可否認的是，在形成別人對我們的第一印象中，我們的穿著佔很重要的一部份。

你知道嗎？我可以穿著西裝，同樣也可以穿著汗衫演講，而且我會更樂意穿汗衫演講，因為穿汗衫舒服多了。但是我如果穿汗衫，在職場的聽眾會質疑我的可信度。他們會輕視我給他們的意見或見解會，因為商業訓練的講師不會穿著汗衫來課堂。

當我開始代表IBM銷售時，公司訂有「衣著章程」。當時有個笑話，要辨認IBM的員工不難，只要看他們的穿著。我決定要

尋求任何我所能得到的協助，以達到業績的要求。就算某種穿著只能幫我一點點忙，我也會很樂意照作。為什麼我要自我麻煩，堅持在穿著上唱反調、不妥協呢？

難道我不認為人在穿著上應該有創意、保持自我的特色嗎？是的，在某種程度上我同意。的確，我們不需要穿著同樣的款式、色澤。但是我相信，一個真要成功的人，會理解穿著的重要性，願意配合職業上對他的要求。

穿著的禮儀因行業而異，但是我要鼓勵你在這方面多花心思。我不是要你過分裝扮，但是不管其他同仁怎麼穿，你要在穿著上顯出專業性。不要穿得太入時、新潮，不是「我穿甚麼，你看到了沒有？」那種會惹眼的衣著。而是要在外觀上建立一種信息傳達：「我重視我的職業，所以相對的，合宜的穿著也就很重要。」

談到穿著，下面是我的「可」和「不可」的清單。你不見得會同意我全部的說法，但是在你摒除這張清單之前，至少先好好考慮一下。記住！我們關心的不是我們「自認為」好不好、對不對，而是我們「留給人的印象」如何。我們是想在職場裏出人頭地，而不是僅僅暫求生存。

職業穿著的「可」與「不可」

●即使許可，也絕不要在職場穿牛仔裝（除非你做的是體力的工作）。
●不要穿太緊的衣服。
●確保你的衣著乾淨、燙平、修補妥當。鈕扣掉了、絲襪破了、襯衫皺了，裙褲裂了都不會給人好印象。
●鞋子擦亮。

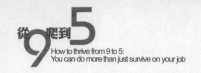

●上班時領帶別鬆開。

●不管目前的時裝潮流如何,要穿及膝的裙子。

●不要穿著過多蕾絲裝飾或適合晚上穿著的華麗服裝。

我相信你不會照單全收。你會認為:「我工作的地方穿牛仔裝無所謂,」或「我工作的地方,男同事的領帶全鬆綁。」這些或許都是事實,不過它還是傳達出信息。仔細想想,我們想在職場有所作為,那就意味著我們得在此多花心力。你的穿著將送出強烈的信息。

姿態

另一個非語言的溝通是姿態。回想一下,你對一個走路挺直雙肩的人,和一個垂著膀臂,拖著疲憊雙腿的人,印象如何。再想想,在桌旁坐直身子的人,對照一個垮坐在椅子上的人,印象又如何。無庸置疑的,我們的姿態傳送一項非常重要的非語言信息。

每當我走在牆上有鏡子的建築物裏,像百貨公司或辦公大樓,我總會楞一下,因為我會有機會看到自己,或站或走的姿態和形像,那多半不是我願意有的姿態。我常常垂著雙肩,所以近來我的目標之一是糾正這個壞習慣。

當你站或坐在一群人面前時,姿態尤其重要。讓自己站在鏡子面前練習演講,或錄影下來,在看看自己的姿態之後,會有助益。

臉上的表情

你臉部的表情是一件很強烈的溝通工具。箴言15:30說:

「眼中的光彩使人心快樂。」難道基督徒不應該以把喜樂帶進自己和他人的心為事嗎？我相信是。但是又有多少基督徒留意他們自己臉部的表情呢？表情或許看來不怎麼重要，但是，如果我們臉上的表情死氣沉沉，就很難讓人相信我們真的在基督裏找到生命。

這是神繼續在我生命中做工的一個區域。當我的腦子在想事情的時候，或者在忙裡忙外處理千萬件事的時候，我就把自己的外表形像給忘得一乾二淨。我確信我臉上的表情常常傳送各式各樣的信息，就獨獨缺了傳送友善的信息。這種情形特別發生在我與陌生人，尤其是雇員、侍者及一些只短暫接觸的人互動時。所以，神跟我正在努力改進我這方面的非語言溝通技能。也許你在這方面也需要得到些幫助。

經由臉部的表情，我們傳達的信息包括：

● 同理心和關懷。藉著點頭、搖頭、眼神和嘴角，你能傳達你強烈的同理心及真誠的關懷。這類的臉部表情能幫助你安撫發脾氣、生氣的人，讓他們確信在你身上，他們找到了傾聽他們訴苦、抱怨的人。

● 歡愉和喜樂。微笑花費不了你一丁點的精神，但是卻會讓你收獲良多。你是一個常有笑臉的人，或者是像我一樣難得展開笑顏的人？只要意識到要常常微笑，讓自己更常臉帶微笑，就能學習成為一個自然微笑的人。對商店裏的雇員，超市裏的收銀員，電梯裏的陌生乘客和飯店裡的侍者練習微笑。讓自己習慣多微笑，你就會發現微笑的威力有多大。它會改變你與對方談話時的化學作用。

● 震驚和心慌。經由你的眼神和臉部肌肉的運動，你面部可顯出不以為然的表情。當然有些場合，表露你的不安或驚慌是有助的。它會讓別人知道你憂心，你臉部的表

93

情可以道出你所有的心緒。

很顯然的，經由我們臉部的表情，我們也能傳遞相反的心情，如不贊同、負面、消極、不關心、無聊或無法容忍等。我記得有一天晚上，我抵達一家旅館登記住房手續時，接待我的櫃臺雇員不太有效率。當他慢吞吞的摸東摸西，浪費我的時間時，我開始對他厭煩。我認為他的行為不夠專業水準，也不認為他提供夠好的顧客服務。

當我離開櫃臺，走向電梯要上樓時，立刻被他判定我對他態度無理。其實，我一句不恰當的話也沒說，但是我臉上的表情很具體的讓他知道，我有多不滿意他對我的服務。顯然他最後接收到我的信息，因為他變得緊張。我一句話也沒說，就令他非常不安、不自在！

我內心裏那個小小的聲音提醒我，其實我有機會經由我跟他短暫的接觸，向他表達基督的愛，我卻選擇顯現出我不好的臉色、不稱許的眼神，和肢體語言的利用。光把話說對是不夠的。我們需要非常小心我們未用言語所傳遞的信息，也就是寫在臉上的信息。

眼神的接觸

當你跟人交談時，你是否保持良好的眼神接觸？這件事非常重要。當有人跟你溝通，眼睛卻不正視你，他給你的印象如何？一般人對缺乏眼神接觸的通常反應是：

● 對方沒有在聽我說話。
● 對方不在意我說的。
● 對方缺乏安全感。
● 對方在想隱瞞些甚麼。

●對方很緊張。

要確實學習當你跟人說話時，要保持堅定的眼神接觸，以避免給人負面的印象。如果你覺得有困難，那就需要練習。我記得當我開始為IBM銷售時，簡直嚇得要死。身為IBM第一批女銷售員之一，每個人的眼睛都盯著我看，而我的顧客覺得我很新奇。因此我承受額外的壓力，我發現當我在向客戶和可能會成為顧客的人銷售時，我的眼睛無法正視他們。

對我而言，這是個新的難題，但是恐懼、缺乏安全感自然產生出那種負面的非語言反應。我相信我的客戶很容易就看出我有多驚慌、緊張，因為我的眼睛沒有跟他們接觸。我必須很刻意地努力下功夫，雙眼看著對方，不閃避。還真花了我些時間，但是，幾天專注下來，我更正了這個壞習慣。

好的眼神接觸傳達的信息是：
●我在聽你說。
●我在試著幫助你。
●你嚇不了、也威嚇不了我。
●我有自信能掌握自我，回答你的問題。
●我既誠實又正直。

人體的接觸

在非語言的溝通中，沒有一項比人體的接觸，像拍背、摟肩、手的輕觸，傳達的信息更強勁。然而，我們必需有智慧，辨識甚麼時候才是這種接觸的適當時機，這樣我們才不會冒犯人，或給人錯誤的印象。

在多數的行業環境裡，握手是最被接受的非語言溝通，因此你應該可以放心使用握手，作為第一和最後印象的表達方

式。不過，如果你握手不俐落，會給人強烈的負面印象。如果你的握手有氣無力，要跟家人或朋友練習，直到你能很舒適的給人堅定的握手禮。要確實堅定的握，用你的手指包裹對方的手掌。讓你的手掌進入對方的掌心，然後熱誠的搖一下。

讓我們中止以下一些對握手的誤解。
● 如果握手是適當的禮儀，對男人跟女人都一樣適當。
● 女人可以，也應當跟女人握手。
● 在任何場合中，女人主動先示意握手是合宜的。
● 男人不需要憂慮會折斷女人的手。
● 男人主動跟女人握手，是合宜的，反之亦然。

神經質或分神的習慣

你是否有任何神經質的小動作，會傳送負面的信息，或導致分神？下面有一些這類的例子：

● 把玩口袋裡的銅板。
● 別人在跟你說話時，作些塗鴉的動作。
● 抓頭髮。
● 敲手指或手掌。
● 坐著搖晃腳或腿。
● 捏、挖鼻子。
● 一直打哈欠。
● 咬鉛筆或原子筆。
● 不合宜的抓癢。

通常我們並不知道自己有這些毛病，但是它們卻能導致別人對你有無法恭維的認知。神經質的惡習會讓你顯得缺乏信心或專注力，讓你失去專業的形象。查看這些細節是有益的，因為這些行為都是你的全貌的一部分。我們前面已經看到，形像

會是認知，認知就變成事實。

要記住哥林多後書8：21說：「我們留心行光明的事，不但在主面前，就在人面前也是這樣。」改進我們的非語言技能，必須花上精力，忍受痛苦。改變不會一蹴可幾。你我都需要一直努力。然而，若想從九爬到五，改進非語言的技能是絕對必須的。

下頁的測試能幫助你查看自己的非語言技能。

肢體語言技巧的測試

找一個跟你很熟，他的見解值得你重視的人，填寫這份測試，幫助你評估自己的非語言技能。（你也可以為他作同樣的測試。）針對你在這些重要的非語言溝通給人的印象，它會幫助你，提供你一些意見。

	是	不是	有時
1. 我是否常帶微笑？	☐	☐	☐
2. 當我們在說話時，我是否眼睛看著你？	☐	☐	☐
3. 當你跟我說話時，我是否常面無表情？	☐	☐	☐
4. 你覺得我上班的穿著得體嗎？	☐	☐	☐
5. 我的握手是否穩健？	☐	☐	☐
6. 我是否有神經質的動作令人分神？	☐	☐	☐
7. 當我走路時，肩膀是否挺直？	☐	☐	☐
8. 當我坐著的時候，是否身體垮在那裡？	☐	☐	☐
9. 我的穿著風格是否會招來不必要的	☐	☐	☐

眼光？

10. 我的肢體語言跟整體的表現，是否　□　　□　　□
看來充滿自信，具有專業性？

如何為自己打分數

問題1，2，4，5，7，10：

每一個 「是」的答案，給自己10分

每一個 「不是」的答案，給自己0分

每一個 「有時」的答案，給自己5分

問題3，6，8，9：

每一個 「是」的答案，給自己0分

每一個 「不是」的答案，給自己10分

每一個 「有時」的答案，給自己5分

總　分

55-60　　你具有卓越的非語言技能。

45-55　　你具有良好的非語言技能。

35-45　　你的非語言技能一般。

35以下　　你的非語言技能很差。

8

電話溝通的技能

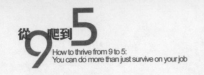
從9爬到5
How to thrive from 9 to 5:
You can do more than just survive on your job

一家大公司的經理雇用我，訓練他的部門員工良好的客服技能。他特別關注要改善員工在電話上的溝通技能。但是當我打電話給他時，他的語氣很魯莽，只道了他的姓氏。

認識他之後，有一天中餐時，我試探性的建議他改善他自己在電話上的問候語，因為在訓練課程裏我們特別強調回電話的正確方式。他笑著說：「喔！梅立！我用這個方式回電多年，不會現在改變的。」

我常懷疑，我為他員工所做的訓練是否會產生效果。如果他都不願意改進他自己的電話溝通技能，他怎麼能冀望他的下屬會認真改進這些技能呢？

電話溝通的特殊挑戰

你在電話上的形像如何？你曾想過嗎？不管你是否自知，你一定有一個形像。你若想在職場有所表現，那麼看看我們在電話上花的時間，你就不得不重視你在電話上的形像了。一個在電話上塑造了專業形像的人，對任何機構來說都是無價之寶，擁有自我推銷的技能。

考慮下面電話通訊所提供的挑戰：

1. 電話通訊只限口語和聲調的技能。因為我們見不到對方，我們就失去了以非語言的方式直接溝通的能力，就某方面來說讓我們束手無策，特別是我們常以非言語的方式傳遞許多重要的信息。藉著合宜、整潔的穿著，別人認定我們的專業氣質。藉著正視對方，我們傳達自信、關懷、傾聽等信息。藉著微笑，別人認為我們友善、討人喜歡。藉著適當的臉部表情，我們能讓對方知道我們的關心和同情。經由我們的肢體語言，我們可以

傳達有益的態度。大體來說，我們確實依賴非語言的溝通技能，在談話對象的腦海裏塑造一個自信、誠懇、熱誠和專業性的形像。

然而，在電話上這些技巧全派不上用場，完全無用武之地。因此，為了彌補這些無法使用的溝通技巧，我們必須尋找其他的替代方式。

不可否認的，有人會覺得透過電話溝通對他們有利，因為他們的非語言技能很弱。但是我相信，只有少數人如此，多半的人在失去非語言溝通的直接影響力時，都會有某種程度的障礙。

2. 很多人在電話上，**比面對面來得粗魯、強求，難以對付**。這是一件事實，當我們不需要面對、正視當事人的時候，我們會大膽一點說出平常不會出口的話。所以這種傾向使電話溝通更為困難。

3. 電話本身是一項完全能隨時打斷、干擾生活步調的工具。有多少次，你離開公司後會想：「因為電話的關係，今天我沒做多少事？」電話通話能輕易破壞你的日程和計畫，中斷我們的生產力，因為它使我們成大工作中斷，又重新來過。

4. 電話是不聽指揮、控制的。電話鈴要響就響，你無法把它們排在你的工作時間進程表上。換句話說，你若能這麼說就太好了：「我將在早上9點到11點接電話，其他時間不接電話，我要做別的事。」不過，很少人做得到。還有電話似乎有Murphy's Law（墨菲法則）：「會出錯的話，就全出錯」的狀況，它們幾乎都在你最忙的日子、最糟糕的時刻接二連三的響。

5. 電話是強求的。即使你不願意接電話，但是「響個不

從9爬到5
How to thrive from 9 to 5:
You can do more than just survive on your job

停」的電話似乎具有讓你非接不可的力量。當然，還有惱人的鈴聲！更別提，如果你不接的話，你的老闆會多煩。

6. 電話是很沒有人情味的。我們在電話上比跟人面對面，更不容易迅速建立關係。當我們不需要正視對方時，我們很容易忽略一些閒聊和微小的細節。換句話說，我們很容易把來電者，僅想成一個聲音的存在，而未能把他（她）當成你我一般的人看待。

如果你真的想在職場出人頭地，而不只是暫求溫飽，你必須辨認並想辦法克服這些特殊的挑戰，才能培育出穩健、良好的電話形像。這是一項很有價值的卓越技能。我決不會隨便雇用一個人，除非他有很好的「電話聲音」，能在電話上與人交談。我願意為這項技能支付較高的薪水，我不願意讓一個雇員，因為不良的電話技巧，而毀了我們公司的形像。相信我，有許多組織、公司行號，就因為不良的電話技巧而大受損傷。

《尋求出眾》一書的作者之一唐筆德說過一句常被引用的話：「接電話的人會是主要的、有價值的資產，或債務。」（《美國今日雜誌》，05/10/1994）想在職場上真正功成名就的話，使用電話時需要是個有競爭力的資產。

牢記，別人是先聽見你的聲音，才聽到你的話，在電話溝通上更是如此。你的聲調、你的發聲技巧，在此居於前鋒、中心位置。如果你的聲音聽來粗魯、沒有生氣，或怠慢，那麼在如何改進我們在電話上的形像上，也就沒什麼好談的了！

改善你在電話中的形像

電話中的形像是由幾個因素促成的。你會發現這些因素看來多半是不起眼的小事，但是它們加起來就塑造了你在電話中

的形像。如果你真的想塑造一個卓越的電話形像,這些事項你必須熟練辦到。

儘快接電話

你最好要在電話響第三聲,至少第四聲之前接電話。如果讓這通電話繼續響,那你一開始就給人不良的印象。

電話的問候語

你在電話中說到第四或第五個字的時候,就已經塑造了自己給人的第一個印象了。所以,在接電話時,你一定要確認你的問候語是最友善、懇切的。你的語調應該是:「我很高興你來電,」而不是「你為什麼現在打電話來?」如果你用語音留言機或任何答錄機,你就能很簡便快速的查看問候語如何。只要聽自己錄下來的聲音,你可能會驚訝的發現自己原意要說得親切又專業的開場白,聽來卻是既生硬又尖澀,或急促且冷漠。

在商業界裏,你需要在問候語裏提供來電者足夠的資訊:尤其是公司行號、部門名稱和你的名字。當然也有某些例外。如果來電是由總機、接線生或自動答錄機轉來的,你就不需要重複公司名稱。如果你是侍者或接線生,多半你不需要提供自己的名字,因為很少人是找你,絕大多數的來電是需要轉接給他人的。不過在其他情況下,如果你想給人好印象,當你接到電話時必須提供自己的名字。對身為經理人的你來說,你必須堅持要求員工在接收電話時,提供他們的名字。這一點我絕對不會跟你妥協。

在問候語之前,你還可以加上幾句話,如:

「你早！」

「謝謝來電！」

「午安！」

或在問候語後，加上：

「我能為你效勞嗎？」

「我能為你轉接電話嗎？」（接線生）

如果你是把電話接撥到另一個分機，你可以加上：

「是我的榮幸！」

「謝謝！」

「請等一下。」

不過，記住，來電的人對過長的問候語會很煩。你要把問候語限制在3到4秒間。

有些公司用一些很特殊的問候語來吸引你的注意力：

「我們今天有個好日子……。」

不過這種新奇的問候語只能用在某些場合，我不建議一般公司使用。

另外還有公司把電話問候語當作一種行銷工具，使用這樣的句子：

「謝謝你打電話給XXX公司，XXX業的領先者……」

不過，這種方式沒有甚麼效果。電話問候語不是向人推銷貨品，或用作行銷術語的適當銷售點。

還有一些公司行號堅持接聽員工要朗誦一段繞口令，或給一段既長又複雜的公司或部門的名稱。政府辦公室就是這類情況的好例子；此外是有複合名稱的公司。期待來電的人每次都要先聽完這一連串的名稱，是非常不實際、不通情達理的冀

望。其實需要的只是名字、一句簡短的「律師事務所」、「會計事務所」等名稱就行了。否則，你的電話問候語會搞煩了來電者，也讓接電話的人頭痛！

保留鍵的使用

比較理想的是，我們的生活裏根本就不需要電話保留按鈕，但實際上，多半的公司不可能辦到。因此儘可能少用，能不用就不用。如果必須，要清楚一個重點：

✱ 不是「告訴」對方；而是「請求」對方！✱

「請求」對方等候才是上策：「可否請你稍等一會？」或「請問你是否可以等一下？」當然，如果你問了對方，就需要等對方答覆。給來電的人幾秒鐘的時間回答，如果沒有回應，你可以推測答案是「可以」；那麼謝謝他，讓他等一下。但是也要預期有些來電的人會說：「不能等，是長途電話，」或以其他理由拒絕等候。那麼，你就需要立即處理來電，再次作請求，或建議他讓你回電。

會有一些少見的特殊情況，你或許需要破例「告訴」而不是請求對方等候，不過我會避免用「等」這個字眼，而是用友善親切的口吻說：

「稍候一下，我馬上回來。」
「我正在電話上跟另一個顧客洽商，我馬上回來。」
「我正在幫助另一個客戶，不過我馬上就能回來。」

「稍候一下。」

如果你能保持友善，不慌張的聲調，多半的來電者會接納

你的請求，對你不會有壞印象，確保別讓對方等太久。但是，要記住，這種作法並不是很理想，應該只有在極不尋常的情況下使用。

不要忘記，一分鐘的停留，會讓人感覺像是一世紀的等待。如果你能讓來電的人知道預計要等多久，或建議回電給他，或許能讓他較不心煩。

轉接來電

另外一項處理電話通訊應該儘可能避免的是，能不轉接儘可能不轉接。不過，有些來電的確需要轉接，不能避免，尤其是在較大的公司。最好你要確保來電轉接成功，才中斷跟對方的通話。至少要告訴來電者，你要把他的電話轉到哪個人或部門及分機號碼，以防萬一轉丟了（經常發生的現象）。

下面是一些轉接電話的守則：

● 把第一個轉接線作為終結轉接！別丟下電筒；要確定來電已正確轉接成功。如果你不確定，保持通話直到你跟他確認過轉接正確才掛掉來電。

● 逐步建立正確的資訊，作正確的轉接。很多機構的員工並沒有足夠的資訊，讓他們正確的轉接電話，所以他們就猜測或盲目轉接。在這種情況下，一份設計良好的分機號碼簿，顯示哪一類的電話該轉哪一個分機，對處理這類情況會大有幫助。員工接受一些訓練，包括使用電話器材的適當訓練，定能改善事態。目前有這麼多先進的電子器材、品牌，多數人從未真正學會如何正確使用它們。

● 對轉回來的轉接電話負責。如果來電的人抱怨已經被轉

接了好幾次，而不耐煩、生氣的話，你必須對造成他
的不便立刻道歉，並保證你不會再轉走他的電話。如
果你不是適當的處理人，那麼親自取得資訊、答案，
或找到負責的人回電。多花心力去幫助他，嘗試做好
損失控制。

篩選來電

　　多半的人使用這項技術有各種不同的理由。容我先聲明，
任何一種篩選都會產生問題，而且導致更多的問題。如果你在
意自己在電話裏的形像，那麼你應該降低篩選電話。篩選電話
多半是出於自負的作祟、權力的玩弄、避免不會愉快但是必要
的電話，或遲延面對不能避免的對話。它還會使事業進行速度
緩慢下來，而且耗費相當人。

　　篩選大致有三種，我將從兩個不同的角度來談論：一是從
被篩選人的角度；二是從篩選人的角度。

1.中途攔截的篩選

　　篩選人授命查出來電的人是誰，為甚麼來電，然後才決定
接不接受來電。這是最冒犯人的篩選，常常使用必定會給人很
壞的印像，而且製造問題。沒有一個篩選人能技術好到在篩選
時，從來不會激怒來電的人。

　　如果你找人為你作這類的篩選，要記得你是把這人擺在一
個很困難的處境。即使他的技術很好，遲早這種中途攔截電話
的篩選，不僅對篩選的人，也對你塑造很壞的印象。

　　如果你是處在一個不得不攔截電話的困難處境裏，盡量保

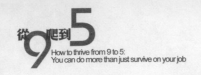
持你的聲調友善、不令人畏縮，盡可能禮貌的詢問這些問題：

「能請問你貴性，是哪個公司？」
兩個資訊你都需要，所以盡可能一起問。

「能請問你是哪方面的事？」
這時候就比較棘手，就我多年的職場經驗，我還從來沒找到，或聽過問這問題有簡易的方法。有時候你可以猜測來電的可能性質。

「你是否要詢問有關帳單的事？」
藉著猜測，來電的人多半會肯定你的猜測或告訴你來電的正確原因。使用這個方法詢問來電的理由，比較不會冒犯人。

篩選來電最困難的處境是，問完了這些惱人的問題之後，經理說：「我不接電話，」或「讓他留話」。結果讓你必須找個禮貌的方法，告訴來電的人對方不能接電話。請相信我，要如何完善的「改裝」這個信息是不可能的。最通常的回覆法是：

「對不起，他現在不方便。」
這句話真實簡明。如果這時你能幫上忙，或提供別人幫助他，都能減輕對他的打擊。

「對不起，他現在不方便，不過也許我可以幫助你。」
中途攔截電話附帶的另一個不良結果是，篩選的人會被逼上梁山，處在一個進退兩難的位置，需要去掩飾、覆蓋、撒謊。「告訴他我不在，」或「告訴他我在開會，」都是一般給篩選人的指示。誠正的品格應該會阻止任何人睜眼說瞎話，天下並沒有「小小的善意的謊言」這回事。「是」就「是」，「不是」就「不是」。所以就說：「他現在不方便。」

如果你經常都得篩選，那麼你就得預期有些來電的人會被

觸怒，會粗魯。不管你說得多好，這種作法常令人不舒服。再者，總會有這麼一天，你會攔錯人，像他的妻子、兄弟、副會長等不該被攔的人。你一定要讓那個要你攔電話的人瞭解，這種攔法遲早總會出問題。

如果你是被攔的人，幫幫那個中間人的忙吧！要記得他只不過是受命行事而已。別向這個無辜的人發洩你的挫折感。別等他問，先主動報上你的大名、公司名稱及去電的理由。這樣做，你可以省下許多時間、精力和不適，而且你能跟這個負責篩選電話的人建立融洽的關係。

2 · 開門見山的篩選

這是比較簡單的篩選，因為篩選的目的只是要獲得來電者的身分，讓電話這頭的人預先知道是誰打來的電話。最普通、也是最好的處理方法是：

「我能告訴他，是哪一位打來的嗎？」

這種說法總比「誰打來的？」好多了，不會那麼唐突。不過要記得，使用開門見山的篩選，來電的人會認為他的電話能通行無阻，如果他報了名，你卻把這種開門見山的篩選，當作攔截的篩選，來電的人會更生氣。

通常這種篩選是不必要的，因為接聽電話的人並不需要這種資訊。不過，它比起攔截式的篩選，較不易觸怒人。

3 · 轉移的篩選

我們常常需要把來電轉給比較適當的人來接聽。一些好的轉移篩選是：

「我要將你轉接到我們會計部門另一位雇員，他有你需要的資訊。我相信他能給你更完整的答案。」

「如果你能把來電的性質提供我一點概念，或許我就能幫助你，或把你轉到現在能幫助你的人。」

「鍾小姐會很樂意幫助你，但是我想，她需要把你轉接到客服部的經理，因為我們這裡沒有這些記錄資料。如果你不介意的話，我現在就直接把你轉接到她辦公室，讓你盡快得到答案。」

在轉接的情況中，來電的人多半想直接跟上頭的人通話，因此不太願意告訴你，他們為什麼打這通電話。

你可以試著猜：

「是有關客服問題嗎？」

通常來電的人就會肯定你的猜測，或告訴你真正的理由，那麼你就能順利的把來電轉接到適當的人。

有項報導說，著名的諾得莊商業財團總經理布魯斯，會接聽任何客戶在任何時間打來的電話。毫無疑問的，這會花掉他很多時間，然而他能比任何人更快的找出任何問題的根源。今天他之所以成功，他的盈利，或他穩健的股票，根本是沒什麼好爭辯的。

良好的電話形像對任何一個想在職場出人頭地的人，具有決定性的影響力。對任何一個機構來說，也是如此。但是電話形像並非說成就成。你需要持續做好一些不起眼的小事。讓我再強調，你的電話形像就是這些小事累積成的。你必須願意將這些小事認真做好，它絕對值得你花心力去作，因為很少人能真正在電話傳訊中，顯現特殊傑出的專業形像。當你做到的時

候，你就出眾了。

完成下頁的習題，你就能查驗自己的電話形像了。

✳ 電話形像 ✳

寫下適當的答案，為你的電話形像打分數。

	經常	偶爾	難得	未曾
1. 當回答商務電話時，我都先報上自己的名字。	☐	☐	☐	☐
2. 我會刻意在聲調裏「加上」微笑，尤其是日子不好過時。	☐	☐	☐	☐
3. 接到留言後一、二個小時內，我會回電。	☐	☐	☐	☐
4. 會請問對方可否稍等候。	☐	☐	☐	☐
5. 轉接電話時，我把那人的名字、分機號碼告訴來電的人，可能的話等到轉接成功才掛掉。	☐	☐	☐	☐
6. 我不會因為不想搭理而轉走，總嘗試把第一個轉接線作通話的終結。	☐	☐	☐	☐
7. 讓來電等候時，我總給他估計需要等候的時間，或建議回電的時間。	☐	☐	☐	☐
8. 我會注意到周遭的吵雜聲不干擾電話交談中的人，當別人在講電話時，除非有緊急事宜，我會儘可能不對他說	☐	☐	☐	☐

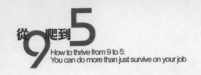
從9爬到5
How to thrive from 9 to 5:
You can do more than just survive on your job

話，或打擾他。

9. 打電話時，我不嚼口香糖或　☐　☐　☐　☐
　　吃東西。

10. 電話留言時，我會寫下對方　☐　☐　☐　☐
　　名字、號碼、日期、時間，
　　可能的話，加上短訊。

11. 我離開電話機時，會儘量請　☐　☐　☐　☐
　　人代接。

12. 當我心煩時，會盡力不遷怒　☐　☐　☐　☐
　　無辜的來電者。

為自己計分，只計算你勾「常常」的次數。

　　10-12　　傑出
　　7-10　　良好
　　7以下　　差

9

五項基本的
待人技能

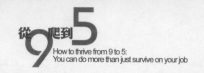
凱文是我認識的人中最具銷售頭腦的人。他有非凡的財務認知及精準的判斷力。他能夠提出既創新又會成功的概念和方法。我很難得認識像他那麼聰明的人，或跟這種人共事。

但是凱文與人相處的技能非常欠缺。他似乎好像故意要惹人厭煩，製造紛爭。我聽過「對抗」管理的理論，如果那是凱文的意圖，那他注定失敗。他只會製造對抗，疏離人群。這種待人方式自然導致員工對他的不忠、工作缺乏動力，甚至產生公開的敵視。

我常驚訝、不解：「怎麼會有人樣樣事都聰明，就是跟人和不來？」這種事並非不尋常，無疑的你也認識這種人。他們在職場上沒法子提昇，因為無法妥善處理人際關係。

從某一個角度來說，這整本書是有關人各項技能的條約。但是在本章，我要談到五項基本的特質，能令他人覺得自己非常特殊、不尋常，進而建立彼此的尊重及信任感。

關注他人

我們都認知到給人全心全意關注力的重要性。讓我們再重溫記憶，把我們能作的事做好。

去除分心的事務

當我們分心了，就很難對人專注。所以首先，不要同時做兩件事。這種情況在電話溝通中常發生，我們一面跟對方說話，一面打電腦、翻紙張，或當電話鈴聲響時，我們繼續手頭上正在作的任何事。要根除這個壞毛病的方法是，一拿起聽筒就開始記筆記。這樣做會迫使你專注在電話那頭的人。

當你在電話中談公事時，如果常有人習慣站在你周圍說話、聊天，找個婉轉的方式提醒他們轉到別處去。做手勢、桌上擺個標示，或像一個女士告訴我的，搖一搖紅旗，都是傳送信息，請他們轉移的方法。

當你在電話中談要事時，如果有人走過來跟你說話，你可以用肢體語言傳達適當的信息。不要看對方，把身體稍微挪開干擾你的人，用手勢暗示他稍等，把筆、紙推向他，暗示他寫下來。經理人多半會打斷他們的員工，沒有考慮電話中的對話應該要比他要說的話優先。

直呼其名

直接稱呼人名是很容易的事，會讓對方覺得很特別。別太信賴你的記憶力，儘可能把姓名寫下來，多使用幾次。

如果你碰到的人身上掛了名牌，就照著稱呼他的名字。如果電話那頭的人，給了你他的名字，就稱呼他的名字。建立你對人名的意識，經常使用。這是輕而易舉的事，它是讓對方覺得特別、受重視，很有力的方法。

傳送言語、非言語的暗示

藉著傳達你在聆聽的信號，能顯示你很專注在傾聽。如果是面對面的話，這些暗示包括眼神的接觸和臉部的表情。在電話交談中，這些暗示需要用言語表達，如偶爾說「是」、「對」，或類似的字句，表示你在傾聽、沒有掛上電話！

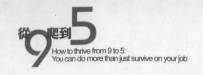

How to thrive from 9 to 5:
You can do more than just survive on your job

✱ 尊重人也受人尊重 ✱

　　沒有比被輕視或傲慢相待，更令人不悅、惹人生氣的事了。千萬小心，別在行為上表現不尊重，而損毀自己的事業及人際關係。

缺乏口德、閒言閒語

　　我們在公司很容易捲入對上司或公司的說長道短和閒言閒語中。幾乎每一個人都在批評，說閒話變成一件本來就「在」做和「該」做的事。你甚至會覺得，你必須加入，才能被接納為那個群體的一員。但是它卻是對你事業的進展，最不利的行為之一，而且它還顯示對他人不敬重的心態。

　　所羅門王給了我們很好的建議，他說：「你不可咒詛軍王，也不可懷此念，在你臥房也不可咒詛富戶，因為空中的鳥，必傳揚這聲音，有翅膀的，也必述說這事。」（傳道書10：20）。

　　這些不敬重人的話語，會反彈。你會很驚異的發現，你在極為保密的情況下說的話，已經成為全辦公室眾所皆知的事。過去的經驗告訴我們，若你當著當事人的面不敢說的話，也不可在背後說他。

　　當你知道有人在背後說你的時候，你覺得如何？你認為你的上司或同事會作他想嗎？這是我們最不敬重人的行為，卻也是很容易犯的錯。如果你不想讓自己這麼傷痛、懊悔，真的想改進你在職場晉升的機會，那麼，把它當作你的目標，避免所有搬弄是非，或抱怨的場合。

輕視的口吻或字句

在三個特殊的場合裏，如果我們不小心的話，會很容易使用讓人聽來帶有鄙視的口吻：

1. 回答一個愚蠢的問題時。我們常常會被問及一些我們看來不必要，或很蠢的問題。我們的回答或許得體，但是我們的語氣、音色卻帶有「哇！多蠢的問題啊！」作父母的常常這樣對待孩子。要記得，或許你聽來愚蠢，顯然問問題的人並未作此想。要以敬重相待。

2. 跟老人說話時。跟老年人說話，你或許需要說得大聲一點，或慢一點，或偶爾重複。但是，你不需要把他當小孩子看待，小看他。

3. 跟外國人或口音不同的人說話時。當我們跟一個不能流利說國語，或有很濃的異國腔調的人說話時，我們通常都會很自然的提高聲調。別忘記，那人並不是耳聾，只不過需要你說得慢一點。同時避免在這種場合使用俗語、俚語，也不可有輕視的口吻和態度。我經常提醒自己，那些能說兩種語言（比我多一種）的人，當然值得我的敬重！

✱ 建立值得信賴的名聲 ✱

如果我們調查一下那些與你一工作、同住，或跟你很熟的人，他們會認為你是一個可靠的人嗎？如果你真的想在職場平步青雲，你必須是一個可信賴的人。

可信賴的聲譽是經由一些小事建立起來的，也是經由一些小事破壞的。如果你在小事上可信賴，無疑的你在大事上也能

如此。下面是一些相關的小事：

1. **記住你所做的任何承諾。**你有沒有一套自我追蹤的程式或方法？我很難想像沒有一套追蹤的程式，還有人能持續的可靠。追蹤的系統可以是很正式方法，如日程時刻表、或其他比較先進的方法，或簡單的待辦清單，只要行得通既可。有些人使用便條紙，但是不保險，因為它容易搞丟。

   不管你用的是甚麼方法，要確實把每件你承諾的事項寫下來，隨時查看、追蹤。如果你相信自己的記憶力，遲早你會出問題。

2. **及時回電。**這是一個能好好建立自己可靠性的簡易方法。每當有人能及時回電，多半的人會很驚訝。它傳達一個很正面專業的精神，同時也告訴了對方你很重視他的來電。

   我的操作方式是先回最糟的電話。不管你需要打甚麼樣的電話，挑選那個你希望不必再回過頭來處理，能夠盡快一次解決的來電。這是一項很好的管理時間技術，它讓你不再傷腦筋，讓你有精力先去處理不討好的事。

3. **不要作你無法做到的承諾。**避免作出粗心大意的承諾。（「少承諾、多付出」是一句很好的格言。）避免陷入需要他人去執行的承諾，如：「我會叫他回你電話。」如果你沒有職權能確實讓他回電，那麼你就作了一個無法兌現的承諾了。

   當你知道，由於不可預知、不可控制的因素，你無法實現自己對人的承諾，那麼盡快讓對方知道，總比等到那人來找你要來得有信任度。即使傳達壞消息會令人

不悅， 先採取行動，讓對方知道情況總是好的。

❋ 樂意「多付出心力」❋

「多加一哩」的人極為稀少。當然，耶穌教導我們要存「多加一哩」的心態：「你你們聽見有話說：『以眼還眼，以牙還牙。』只是我告訴你們，不要與惡人作對，有人打你的右臉，連左臉也轉過來由他打；有人想要告你，要拿你的裏衣，連外衣也由他拿去；有人強逼你走一哩路，你就同他走二哩路。有求你的，就給他；有向你借貸的，不可推辭。」（馬太福音5：38-42）

這是耶穌的信息中讓我們在職場，常常覺得很難理解的一項教導，因為它看來好像我們要仟人宰割，失去效率。這個世界的體系是必須確保我們佔優先，確保沒有人能佔我們的便宜，看守住自己的權益，等等。在這樣的環境裡，要實行這種倫理哲學並非易事。

不過，事實上，「多加一哩」的心態確實是一個勝戰的心態。這是一種能長久留住顧客，建立長久事業，塑造長久人際關係的心態。我們對那些誠心樂意多付出心力的人，印象都很深刻。

一個好的門徑是，找機會做比你應做的多一點。把它當作一個挑戰，找尋各種方法顯示你是一個樂意「多加一哩」的人。下面提供你一些意見：

● 當你無法回答一個問題時，找個能回答的人。
● 當你無法做到對方的要求時，提供對方你能做得到的。
● 當你看到有人一臉的困擾，或看來迷惘，問他你是否能幫忙，別就這樣走過去。

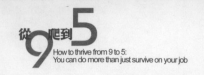

- 當你的經理承當壓力時，問他你能做甚麼，可以分擔他一點重擔。
- 在既有的任何一件工作上，自問你還能做些甚麼來提高那項工作的效果與表現。
- 想像自己是公司或部門的經理，自問有甚麼是該做的。自願做某項任務，或如果適當的話，不必問就去做。
- 當你認為自己已經完成一項工作時，思考一下還能做甚麼來改進。
- 當一個同事在沉重的工作壓力下時，自願幫忙。

✱ 替人著想 ✱

耶穌給我們所謂的黃金規則，在成功處理人事上仍然是最好的基準。那是在登山寶訓裡：「你們願意人怎樣待你們，你們也要怎樣待人。」（路加福音6：31）這個哲學理念的優秀在於它持雙贏的心態。當我刻意停下來，把自己放在對方的立場時，我自然會多用點心思、多一份耐心和仁慈對待他，也會因此降低自己的壓力及挫折感，因為我不會再只想到自己，我也想到對方。

當我們只專注在自己身上，確保我們會得到面臨的事物時，無形中就在自己的生活上加添了無可數計的壓力。結果，我們權益上任何一點小挫折，就會產生情緒上的反應，然後製造壓力。但是，當我們把注意力放在別人身上，關心他們的感受，他們為什麼有那樣的行為表現時，我們就忘記自己，壓力也就無從產生。

你知道同理心的力量之大嗎？你是否常常表達你對他人的同理心？相信我，一旦你樂意實行同理心，它會讓你的日子輕鬆、好過多了。

　　我經常旅行，所以很知道丟行李的滋味。最近我有一個很獨特的經歷，在同一個星期裏丟了兩次行李，是兩家不同的航空公司搞丟的。第一次丟的時候，我排隊要提出申報，心裏想著行李丟失對我會造成的不便。我必須找個購物中心，買幾件正式的衣著，因為我身上穿得非常簡便，但是我次日就得作商業演講。既然我無法確知我的行李是否能及時到達，我真的沒有其他辦法可想，只能作最壞的打算。

　　顯然這件事令我不悅，不過我刻意盡量不去煩心。終於輪到我時，我對站在櫃臺的年輕女士說：「我的行李沒到。」她眼睛眨都不眨，也沒看我一眼，就開始執行她的任務，問我問題，打電腦報告。她的第一個問題是：「搭哪個班機？」她對我的遭遇、處境沒有一點同理心，我發現自己的怒火開始油燃而生，一直想對她發洩。雖然她很有效率的寫下報告，但是在處理一個遭遇不便的顧客上，卻極端無能。她的缺乏同理心，使我本來只是一點的不耐煩，轉變成一把怒火，結果讓我對她及她服務的航空公司的印象極壞。

　　毫無疑問的，如果她發現我對她的服務不悅的話，一定會很驚訝，因為她已執行了該做的流程，她的反應會是「有甚麼大不了的？」畢竟，她每天、整天都在處理遺失的行李，這些都只不過是她的例行公事。但是她沒有想到，對「你」而言，丟失行李，這並不是例常發生的事，而她沒有表示一點同理心。

　　那個週末，我搭另一家航空公司又遭遇同樣的事，但是這一次櫃臺的女士回應說：「噢！很抱歉，我知道會很不便。」當我告訴她，這是同週第二次發生在我身上，她給我更多的同理心，堅持到後面去查看我的行李會不會是掉出旋轉帶（多「加一哩」的付出）。「有時候會是掉出去，」她說。她沒有找到我的行李，但是她再次道歉，向我保證行李應該會隨下班飛機到達，他們會送來給我。

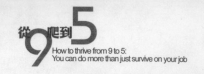

我告訴她沒問題，離開時沒有挫折感。她很有效率的達成她的任務，但是她還有足夠的待人技能，知道對她而言行李丟失是例行公事，但是當你丟失行李時，卻是另一回事。

記住，同理心效用匪淺，當你真的站在別人的立場，開口表達你的同理心時，你就大大的增進了你與人相處的能力。

使用下頁的測試，檢討你待人的能力。

✽ 改善你的待人技能 ✽

這項附有實際方法的測試幫助你評估自己的待人技能，讓你在這些重要的層面得到改善：

1. 當你在電話中，哪一類的事容易使你分心？

　　____同事要跟我說話。
　　____上司要跟我說話。
　　____有人站在我旁邊說話。
　　____我想同時作兩件事。
　　____我的工作環境聲音吵雜，常干擾我。

行動計畫：

●作一個小標誌，貼在一根棍子或尺上，有人干擾你時，就舉起來。標語可以如：

「一等打完這通電話，我會很樂意跟你談。」

「你聽不見來電的人的聲音，但是他聽得見你的聲音。」

「我還沒辦法同時進行兩個對話，等我操練到這種技術

之前，請你等到我結束這通電話時再說，可以嗎？」

●開始記筆記，迫使自己不會同時做兩件事。

●跟常干擾你的人私下談談，請求他幫助你，不讓你在重要的對話中分心。在桌上提供一枝筆及一本筆記本，如果那人不能等，他可以留言。

2. 你是否很會記人名？
　　＿＿＿是　　　＿＿＿不是
　　你是否常常直接稱呼人的名字？
　　＿＿＿是　　　＿＿＿不是

行動計畫：

要經常聽清楚人名，留意名牌。可能的話，把姓名寫下。在每一個對話中，要以至少使用對方的姓名兩次為目標。

3. 你上次與同事加入公司的閒言閒語，是甚麼時候？
　　你們是怎麼聊起那個閒話的？＿＿＿＿＿＿＿＿＿＿＿＿
　　是你引起的，還是他人引起的？＿＿＿＿＿＿＿＿＿＿
　　你曾否嘗試阻止這項閒話，或改變話題？＿＿＿＿＿＿
　　你是否跟某一個特定的人或某些人閒言閒語？＿＿＿＿

行動計畫：

避開那你常一起說閒話的人。當閒話開始時，轉開話題。別帶頭說閒話；緊閉嘴巴，別開口。

4. 在你共事或處理的人中，有沒有任何人你覺得不太聰明？

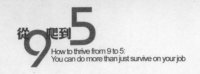
你對他說話的聲調、態度是否顯得輕視？＿＿＿＿＿＿
你的聲調或溝通方式，是否輕視這人？

_____

行動計畫：

　　儘可能，全力平等對待那人。留意自己說話的聲調、語氣和選用的字句。要記得，在神眼中那人跟你一樣重要，神愛他跟愛你一樣多！

5. 你上一次忘記去執行你許下的承諾，是甚麼時候？

_____

你是否常常這樣？＿＿＿＿＿＿＿＿＿＿＿＿＿＿
你使用甚麼方法，來守住你對他人的應許或責任？＿＿＿＿
你的同事或上司是否認為你是一個可信賴的人？＿＿＿＿＿

行動計畫：

　　如果你沒有一般一致的方法來幫助你記住你該作的事，那麼今天就開始使用某些方法，繼續實驗，直到你能得心應手。

6. 你上次在職場為顧客、同事或上司做並非本分內該做的事，是甚麼時候？

_____

行動計畫

　　列下你可以為他人多做的事項。從中選取一些作為你的待辦事項，然後刻意建立「多加一哩」的心態。

10

與難處的人相處

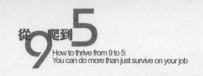
從 9 爬到 5
How to thrive from 9 to 5:
You can do more than just survive on your job

「為什麼？為什麼？為什麼？」葛雷對著我大吼。沒有一點預兆，我發現自己面對著一個極端憤怒、暴躁的人。他的指責令人困惑；他的聲音又大，音調又高；他的肢體語言充滿威嚇，完全失控。我被他嚇傻了，因為事出意外，令我措手不及。我知道我需要小心處理這樣的發飆事件。

我但願能向你報告，我作了完美的處理。然而我確信我沒有。但是我很快恢復常態，一再地對他表示同情，終於讓葛雷降低音量，坐了下來，恢復了一些自制力。

處理一個失去理智的人，需要卓越的人事技能。這種人可能經常都很難相處，或者是他那天，或那個時刻正巧很不順利。但是當他們發洩在我們身上時，我們多半沒有心理準備，發現自己也很難控制情緒上的反應。我們需要有足夠的心智及情緒的自制力，才能妥當的處理這種難處的人。一旦你能處理時，你一定是一個在職場嶄露頭角的人，而絕不是只求溫飽的人。

本章我們將檢視六種你可能碰到的難處型態的人。

✱ 易怒、暴躁的人 ✱

有一句很明智的話說：「千萬別跟豬摔跤，如果你跟牠摔跤，你們兩個都搞髒了，而豬會特別高興，因為牠喜歡！」當然，把人比喻成豬並不雅，所以請你原諒我。不過，你懂意思了吧！當我們在處理一個憤怒、暴躁的人時，我們最不該作的事是，讓自己的情緒失去控制，也以憤怒應對。我們必須學習如何仔細傾聽，正確的回應，不要讓怒氣沖昏了頭，破壞了我們的客觀性，或掃除了我們處置的能力。

坦白說，說來容易，要做到可難了，因為當別人對我們發脾氣時，我們的自然反應是以怒氣相對。但是我們可以學習以

適當的方式處理憤怒的人，如此我們才能讓對方冷靜下來，儘可能解決他們的問題，別讓這事令我們發狂，導致我們「跟豬摔跤」。

能成功處理憤怒或煩躁的人的，是那些運用「心智排檔」的人。這個排檔使他們能夠把自我情緒從情境中分離出來，以仁慈，不含怒氣、煩躁的心態處理人事。有一個例子是一個航空公司的票務員告訴我的，他說，他的心智排檔是：「他們不是生我的氣，他們是氣我的制服。等我值完班，我會換掉制服。」這樣就提醒他不要把別人的憤怒個人化。另外有人把「心智排檔」當作使人冷靜下來的一種挑戰。這些「心智排檔」只不過是一種思考的程序，幫助我們在處理情緒失控的人時，能夠控制自己的情緒。

如果你能成功的處理憤怒的人，那麼，恭喜你了！這是一項很管用的技能，在你生活的各個層面，在職場上與同事、顧客、經理；在家裡和家人；作消費者購物時，或甚至與朋友相處時都很實用。

當你面對一個憤怒、暴躁的人時，要記住下面五個階段。遵循這些階段的次序相當重要：

1.傾聽，讓對方發洩。

一個憤怒的人通常只是需要發洩，一旦發洩了，他就會安靜下來。所以當你碰到某個人、顧客、同事、經理、朋友或家人處於憤怒的狀態，告訴自己：「只要聆聽。」

一旦這人發洩了，氣消後了，他才能理智的跟你交談。事實上，如果你讓那人發洩，多半他會事後向你道歉，或謝謝你聆聽他。

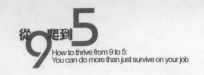

2.去除憤怒的導火線。

輪到你說話時,要先確實走過消除他憤怒的階段。如果你忘了,或忽略了這個階段,會讓你在處理憤怒的人這項工作上更辛苦。你或許只需要用一句話,但它對你處理這種人能否成功,卻是關鍵所在。一些有效的去除方法是:

● 控制你的聲調,保持平靜。降低聲調,緩慢陳述,減低音量。一個平穩的聲音表示管控良好,生氣的人也會開始降低他的聲音,與你相符。

● 使用同理心或同情心。這是一個經證實,可以適用於每一個場合的去除法。一些富同情心的句子如下:

「我能理解你的挫折感。」
「我自然能理解你為甚麼會煩。」
「我知道那會多讓人惱怒。」
「我瞭解你的意思;也曾經發生在我身上,是很令人厭煩。」

同理心讓他知道你「聽見」他的怒氣,你也了解他的挫折感。你不需要贊成他的行為,但你需要認同他的情緒。毋需道歉,你能夠同情一個生氣的人,不管你需不需要向那人道歉,不要怕使用同情心,如:

「真抱歉,你要面對困難。」
「真抱歉,對你造成不便。」
「聽到這事,真抱歉。」

● 可能的話同意對方。當你能同意對方時,那就是一個強而有力的去除怒氣導火線的方法,因為它拿走了「敵對」的心智。不再是「我跟你對立」,而是你把自己擺在對方的團隊裏,跟他站在一起,要解決他的問題。即

使是一個很小的認同，「我同意，」或「你這一點很對，」或「我懂你的意思」都有使生氣的對方安靜下來的效力。

● 如果適當，向他道歉。當道歉的時機出現了，不僅僅是件該作的事，還會是一個有效的去除怒氣法。面對一個真誠、不找藉口就道歉，甚至有必要時還願意提供協助的人，很少人持續生氣。

● 對憤怒的人保證你會回應。讓對方知道你會處理情況，通常就已經具有去除怒氣導火線的效果。但是，當然，別作你辦不到的承諾。

● 如果你的嘗試不成功，讓其他人來處理。很多憤怒的人會對第一個來應對的對象生氣，一等有第二個人出現時，他們會冷靜下來。我把這個現象取名為「第二個人症侯」。生氣的人多半會在第一和第二人間，性格轉換。因此，最後一招是，當甚麼辦法似乎都起不了作用時，找個人來幫忙吧。

3.明瞭實況。

很典型的，一個憤怒的人在生氣時說的話，都會誇大其詞，擴大問題。把情況對他再改述一遍，或許能減少他的怒氣。這樣做多半能明瞭被誇張的部分，使問題變得更屬實。

4.提出意見和/或解決方法。

在消除怒氣導火線和了解實況後，現在你可以進入解決問題的階段。依情況的不同，解決的方式也不相同。這意味你可

從9爬到5
How to thrive from 9 to 5:
You can do more than just survive on your job

能需要詢問一連串的問題才能處理；需要調查，找出可循的途徑；或讓對方知道有哪些可行的選擇或步驟。

但是，我要再強調，你一定要先消除他的怒氣，才能進入解決問題的階段。我經常發現在處理憤怒的人時，會犯這個錯誤。他們聽完發怒人的問題後，說的第一句話多半是：「好了！你的帳戶號碼？」或「對！你要先跟久恩談，」或「你跟誰說過了？」這些都是解決階段的問題或指示。如果你省略去除憤怒的階段，就直接進入解決問題，會像是你在暗示：「有甚麼了不起的！你的問題實在沒甚麼。」你似乎忽視對方的怒氣，那會使對方更生氣。

當你在處理一個遭遇挫折而生氣的人，請你幫幫自己一個忙：千萬別跳過消除憤怒導火線的階段！這多半只需要一、兩句話而已，但是這一、兩句話卻能使情況大大改觀，對方的反應會截然不同。

5.以建設性收場。

處理憤怒的人之後，請記住，結尾最後的幾句話一定要肯定、正面、積極。你可以說：「謝謝你讓我們知道這個問題，」或「對你引起的不便，我再次道歉，」或「請留下我的名字，下次若有任何問題，可以跟我聯絡，」或「我真的很高興你跟我提起這問題。」

當你成功的處理了憤怒、暴躁的人時，你會有很好的感受。記住，即使你做了你該做的部分，你仍然無法掌控對方會如何反應。即使你無法讓生氣的人完全冷靜下來，只要你自己不失控，依循這五個步驟進行，你就知道你已經盡力把事情做得很好了。

✽ 威嚇、脅迫的人 ✽

我相信你曾經跟這種人交過手。他會這樣說：

「你的經理叫甚麼？」

「我要跟你的指導員說。」

「你知道我是誰嗎？」

「我的律師會找你。」

「我們在法庭見。」

「這是我最後一次跟你們交易。」

「我會把此事向上呈報。」

「你的上司會知道這件事。」

「我會送一份紀錄給董事長。」

「我在這裡二十年了，我知道我在說甚麼。」

「我認識一些有關的達官要人。」

「我有內線！」

你對這種人的第一個反應是，讓他知道他嚇不倒你。你需要對他的威脅，顯出適當的自信、不動聲色。但是，要小心翼翼。如果你顯得太過自信，你會踏入我所說的「目中無人」的地域。你的聲調、你的肢體語言和你的用字都是關鍵。

對威脅著最好的應對是，立刻承認他可以做他威脅你的任何事，然後迅速進入解決問題的階段，好像他的威脅已經成了過去式。威嚇者大半是在唬人，當你應對如下，他就會很快退縮下來：

「當然你可以跟經理談。他的名字是＿＿＿＿＿＿，一等他空下來，我會替你接通。同時，讓我看看是否能幫上忙。」

「我的經理是＿＿＿＿＿＿，他一向很樂意跟我們的顧客談。不過，如果你給我機會，我相信我能很快為你處理這件事，回答你的問題。我一定會盡力。」

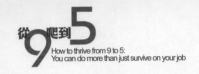

「如果你認為最好的解決方法是循法律途徑，我會很樂意讓你跟我們的法律部門（或他的律師）談。不過，我們都知道這並不是理想的處理方法，我願意跟你一起找出一個滿意的解決途徑。我們可以這樣做……。」

「你是一個好顧客，我們絕不想失去你，所以我會盡我能力所能，來留住你。」

「你當然有權打電話給_____；事實上，如果你需要的話，我手上有他們的電話。但是，讓我看看我能做甚麼來盡快為你處理這個問題。」

另外一個能讓他知道嚇不倒你的方法是，清楚說出你的名字，即使你已經說過了，再說一遍。

「對了！我的名字是魏梅立，你或許需要寫下來，日後派得上用場。是這樣寫的_____。」

這樣應答，你讓對方知道，你對自己的應答有自信是正確的，而且願意對自己說的負責。

當威嚇的人發現有人是不屈服的，有人很自信，有人很誠懇的樂意嘗試解決問題時，他們多數會很快退縮下來。

✽ 常抱怨的人 ✽

你有沒有注意到有些人很喜歡抱怨？即使問題已經解決了，他們還是會一再重複訴說他們的困難。一旦當前的不滿被處理了，他們還會有其他好抱怨的事。他們抱怨的，經常是沒有解決方案的事。

當你對付這種人時，你需要採取更掌控、講求實際的策

略。雖然說話要仁慈，但是不需太過於同理心或同情心，必要的話，準備做個如跳針唱片般，不斷地重複指出事實。

「我理解，但是就像我剛才說的，我會很樂意寄一份合約副本給你。」

「是的，我知道這是很讓人沮喪的事，但就像我剛才說的，我們願意更正我們的記錄。」

「我知道對你很不容易，但就像我剛才說的，我保證不會再發生了。」

如果他們還不停的嘮叨，不讓你喘口氣，你甚至可能需要打斷他。還有，你若把「球」丟回去給他，可能見效，尤其是當他所抱怨問題是不會有結果時。下面有一些可行的方法：

「噢！我不太清楚你要我怎麼做。我能怎麼幫助你？」

「我很樂意幫助你，你要我怎麼做？」

這樣，至少讓你進入解決問題的階段，迫使他們提出解決方案，或承認那是沒有方案可行的。愛抱怨的人真能折騰你的耐性，但是你不可以放棄。

❋ 犯錯的人 ❋

面對一個自認為樣樣都對，絕錯不了，但事實上你有證據證明他就是錯了的人，你必須使用相當的手腕，才能妥善處理。別把那些證據一古腦的全倒出來，相反的，你需要覓尋一個能給他面子的方式，來軟化事實真相可能有的衝擊。

瑞傑告訴我他跟一個這樣的人交手的經驗。那人打電話來

從9爬到5
How to thrive from 9 to 5:
You can do more than just survive on your job

抱怨，他訂的一份很重要的貨還沒如期送到，讓他非常生氣。傑瑞答應他去查看清楚，找到一份手寫的文件，上面證明貨已送到，而且是兩天前，由公司的一個雇員簽收的。

瑞傑鬆了一口氣，確信無誤，他打電話給這位犯錯的顧客說：「你訂的貨已經送去了，我這裏有你們公司的雇員簽收的貨單。」然後他把簽收人的名字給了對方。結果他大吃一驚，因為對方說：「我們公司沒有這個人。」再追查，他發現貨是被送到隔壁公司去了，他的證據不實。

應付犯錯的人，不管你有沒有可靠的資訊或證據，最好要為他留情面，讓他慢慢下台階。瑞傑應該可以更妥善的處理那個情勢。要是他說：「如果我們的紀錄正確的話，貨品已將在兩天前送到，由貴公司的一個雇員簽收。你能確認這個名字嗎？」這樣他就不至於把自己逼到牆角，即使貨品正確送到，也能給顧客留面子。

在處理犯錯的人要記住一項很好的原則，就是保留他的面子，替他找一個台階下。其他能保留面子的例子是：

「如果我的訊息正確……」

「我不確知，但是好像……」

「我想我有好消息給你，因為我們的問題大概能解決了。如果我沒有錯的話……」

「是啊！我當然有可能錯了，大概也不會是第一次，但是我想……」

記住，如果證明你對，而對方並不會有甚麼實質利益的話，就讓它算了。別因小失大（撿了芝麻丟了西瓜）盡量避免徒勞無功的指責。浪費時間、精力，還會引起更多的問題。

✱ 萬事通的人 ✱

你有沒有碰到過「凡事都懂」的人？他們比你更知道你的工作，還有其他相關的事。再者，他們從來不會錯！他們的行為通常傲慢、輕視，而且多半不善聆聽。

跟這種自以為是的人，別想贏！我的意思是，不要冀望以為問題解決了，他們就會開心。他們通常不會給你善意的感受，他們多半不會說「謝謝！」和「請」這些句子，而且幾乎不說：「對不起！」

處理大多數的萬事通，最好的方法是，不要自我防衛，不要嘗試贏得這場爭論。要心甘情願的從口水戰中敗下來，然後上陣贏得大戰役。要盡快解決問題，然後繼續你的工作。對他們寄予同情，把自己放在他們的立場，想像這些自以為是的人，日子會有多困難，或許能讓你好過一點。

有時候會有萬事通的人參加我的公開講習。從一開始他們就會針對我說的每一句話，提出辯解；對每一項問題提出不同的意見；低估我的論點，經常陷我於可怕的境地，使我很難繼續演講。我想要贏得這些搏鬥。

無論如何，我開始學習花適量的時間聆聽，然後忽視他們舉起的手，或將身體轉向另一邊的同學，再次掌控我的課程。藉由肢體語言告訴他們，我不允許他們取代我的課堂；我不讓自己煩惱；我同情他們，訝異他們為什麼會如此難纏。我為自己並不需要像有些人必須每天都跟這種人纏在一起，而深感慶幸！一旦我進入那樣的心智模式，他們就不會再令我抓狂，因為我不把它個人化。

有幾次，我會在講習會休息時間，私下對「萬事通」的人建議，那個講習會好像不太適合他的需要。因為我們有退費保

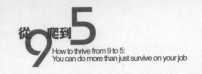
從9爬到5
How to thrive from 9 to 5:
You can do more than just survive on your job

證的合約，所以我建議他也許退課，回到自己可以發揮、有成果的職場去會比較有收獲。這叫做「在沙地上畫線」，就是巧妙的劃定界線，暗示壁壘分明，萬事通的人多半會接納你的建議，或改變他們的態度。

✳ 謾罵人的人 ✳

很不幸的，在處理謾罵或攻擊型的人，不管是過分的或不適當的褻瀆，或使用嘲笑、輕視的字句，我們都有很不愉快的經驗。最近有一位女士與我分享，有個顧客對她說：「幫我找個頭腦比兩歲小孩好的人，讓我跟他說話。」那是一個污辱人，不能被接納的行為。

一旦一個人開始辱罵、攻擊，你要採取行動。別讓自己繼續站在那裡，任他謾罵；保護你的心智；讓他知道他的行為不能被接納。最好的處理方法是，給他一個警告，如果他的行為沒有改變，結束談話。不過，你要保持聲調平靜，以很專業的姿態警告他。下面是一些建議：

「對不起，但是我是來服務的，我當然要幫助你。不過，我們必須使用處理事務的口吻。如果現在對你不方便，我們可以慢點再談。」

「對不起，為了要解決你的問題，你需要使用可以被接納的語言。否則，我要掛電話了。」

「對不起，我不使用那種語言說話。如果你要跟我說話，你需要使用我的語言。如果你不能，我們這次就無法交談了。」

「對不起，我不認為我們需要用這種語言來進行我們的會談。如果這個時間不理想，我們可以延後再談。」

　　有些公司會選擇把這樣的人，轉給經理或督導處理，而多半他會轉變他的行為。然而，我留意到在這些時刻，經理們和督導通常都沒空，所以你仍然要有心理準備，隨時要提出清楚的警告。

　　通常很少需要到掛電話或結束對話的地步。絕大多數的人會很快改變他們的行為，有的甚至會向你道歉。

　　如果你面對的是一個謾罵型的人，請特別小心。最好盡快再找一個人來，如果你是女士，或許你該找個男士來。對這種情況，不要大意。為了你自身的安全，你必須特別小心。

　　針對難以相處的人，傳道書有些很好的勸導，提供我們很好的建議：

愚妄人的惱怒，立時顯露，通達人能忍辱藏羞。（箴言12：16）
人心憂慮，曲而不伸；一句良言，使心歡樂。（箴言12：25）
回答溫柔，使怒消退；言語暴戾，觸動怒氣。（箴言15：1）
良言如同蜂房，使心覺甘甜，使骨得醫治。（箴言16：24）
未曾聽完先回答的，便是他的愚昧，和羞辱。（箴言18：13）

　　下頁的測試要幫助你改進如何對付難以相處的人。在學習如何從「九」爬到「五」，得以在職場大放異彩的功課中，這是一項最困難的挑戰。

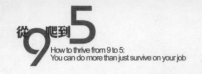
處理難處的人

這項測試讓你練習妥善應對困難的處境。如果有人這樣對你說話，你的第一個回應該是甚麼？

1. 「你們每個月都犯同樣的錯！你們缺乏效力，真的令我厭煩透頂！你最好趕緊想想辦法！」

　　_____

　　_____

2. 「你是甚麼意思？你今天作不來？我今天必須拿到！」

　　_____

　　_____

3. 「如果你幫不了忙，那我就要跟你的上司說了。」

　　_____

　　_____

4. 「我絕對沒錯！你告訴我今天能好，不是明天。」

　　_____

　　_____

5. 「嗯！如果你還有點常識，就會知道該怎麼做了！」

　　_____

　　_____

6. 「我不管你手上的資訊是甚麼，我告訴你，那個貨就是沒有到！」

　　_____

　　_____

11

處理批評／非難

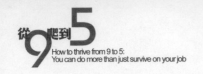
閱讀我廣播節目聽眾的來信，是我的一大享受，我儘可能閱讀每一封書信。這些信中99%是肯定、鼓勵、同時也有很感人的信。不過我記得幾年前收到的一封信，這位聽眾這麼寫：「過去我很喜歡聽你的廣播，可是現在不聽了！你的聲音令我厭煩。聽來像是在說教似的嚴苛，所以你的節目時間一到，我就關掉收音機。」

居然是一封書寫批評的信。所以我需要重讀一遍。實際上信寫得比我簡述的來得長、且尖苛。那些字句深深的傷了我，令我進入反應的階段。我變得自衛，自憐，想回敬他一封同樣鋒利的信。然而，我終於決定略過、忽視它，不回應他的信件。

但是，第二天，我開始思考他寫的。我想：「我的聲音是否真的變得苛刻？我是否聽來不再仁慈或很嚴厲？」當然，如果你是在廣播界工作，你最好讓你的聲音不會替你惹麻煩，因為聽眾先聽到的是你的聲音，然後才是你說的話。如果他們不喜歡你的聲音，他們會像這個婦人一樣：把你「關掉」。

因此，我拿了一些節目的錄音帶，把新的跟舊的做了一個比較。你知道嗎？他對了！我的聲音的確聽來嚴苛，像說教。我才領悟，那是因為有一段時間我的壓力大，過勞、太疲倦，但是對聽眾來說，他們聽到的是嚴厲的說教。你當然知道我確實更正了這個問題。我告訴技師留心聽，如果他再聽到那種聲調，要讓我知道。

老實說，我不喜歡處理批評。你呢？別人寫我的書評，常令我恐懼。我必須強迫自己閱讀，因為我怕它們是負面的，那就很痛苦。我對自己工作表現的評估，更難面對，因為我不願意讀到那些負面的部分。我能體會約伯說的：「請你教導我，我便不作聲，使我明白在何事上有錯。正直的言語，力量何其大，但你們責備，是責備甚麼呢？」（約伯記6：24-25）。看

來約伯似乎對批評也有跟我類似的反應。

這是一項弱點，是一項我必須克服的弱點，因為我需要好的、誠實的批評。我需要別人的忠告，才能改進；才能避免經常犯同樣的錯；才能正視自己，更正確的看見別人是怎麼看我。

我需要這樣的批評，但是我不想接受批評。

✱ 如何處理批評 ✱

談到處理批評，你的成績如何？你的分數是否跟我一樣，很低？我們能如何改進呢？我們不需要一直如此差勁，在每一方面耶穌都能幫助我們得勝，當然也包括批評的處理。

把重心放在屬靈的長進

善於處理批評是一個人在屬靈上及情緒上成熟的表徵。我發現當我對自己在基督裏的身分及祂對我的愛越有自信時，我就越能接納批評。當我跟神的靈命成長時，我的情緒處理也跟著長進。你曾經這樣想過嗎？這兩件事是相輔相成的。

屬靈的長進，也就是認識神，我們跟祂的關係和祂跟我們的關係，會帶來情緒的成長。所以我留意到，當我花時間跟神親近，認識神，讓自己沈浸在祂的話語裏，讓祂的心意充滿在我的心智時，我情緒上的許多弱點開始改進。在我們生活的其他層面也一樣，學習處理批評的起點，是更多、更深的認識神，花時間在祂的話語上，常常與祂交談，在我們的認知上和信心上繼續長進。

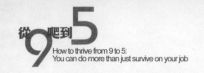
視它為一個轉捩點，一項有效的工具

如果我們想學習正確處理批評的方法，我們必須先對批評有正確的心態和認知。如果我們視它為負面的行為，很明顯的我們會處理得很糟。我記得第一次在IBM從事行銷工作時，公司不允許我們「犯」錯，而我們卻面對許多會犯錯的可能性，有太多犯錯的「機會」！因此，對每一個情況若能持有正面、積極的看法，我們的反應就會大不相同。

如果我們能學習，把批評當作我們生活中一個很管用的工具，能像踩油門那樣加速我們的成長，學習如何轉彎，就能除掉批評所帶來的痛苦，讓我們有一個健康的出發點，正確的處理批評。下次批評迎面而來時，馬上默禱，求神幫助你視它為你生命中一個好器皿。這樣，你就能把痛苦轉變為獲益。沒錯！批評是件痛苦的事，但現在你能把一個痛苦的經驗當作上進的階梯，你就不需要再白白受苦了。

有道理吧！不是嗎？

祈求擁有一顆受教的心

我們當然需要求神賜給我們一顆受教的心，使我們能夠適當的接納批評。做為基督徒，當我們看到自己生命中有需要被強化的地方，接納批評是必須的。我們在哥林多前書11：31看到：「我們若是先分辨自己，就不至於受審。」藉著求神光照我們的軟弱處，為它們擺上禱告，我們可以批判自己。這樣總比等別人來批判好過。

我常常用詩人的禱文禱告說：「誰能知道自己的過失呢？願你赦免我隱藏而未現的過錯。」（詩篇19：12）要看出自己的過錯並不容易，所以我們需要別人的反應，有時是批評的方

式，幫助我們看見那些隱藏的過失，然後對付這些過失。

不過，我們常常反其道而行，把自己的頭埋在沙土裏，拒絕面對自己的短處。我想到有一個人在他的一項技能上真正需要一些幫助。他的弱點在某些方面非常明顯，但是不需要花太多精力就能更正。但是，因為他不能接受批評，所以沒有人敢對他說。顯然，他輸了，因為他不能面對自己的短處或接受任何批評。

我理解渴望逃避批評的心境，我的第一個反應也是如此。但是我在學習讓自己面對我需要改進的地方，我也繼續祈求神光照我，讓我看見自己看不到的地方。事實上，在我的禱告冊，我列下我認為是自己生命的難處，我常常把這些難處帶到神面前，求祂幫助我，讓我能在這方面得勝。箴言9：9說：「教導智慧人，他就越發有智慧；指示義人，他就增長學問。」

相當重要的是，我們要能受教，而且繼續求神幫助我們，使我們更能受教。

不要變得自衛

學習處理批評的另一個好的原則是，要記住：絕不要自我防衛，抵制批評，即時批評是不公平的，也當如此。只要聆聽，不要自衛。聽來容易，要做起到談何容易，對不對？我瞭解，因為防衛也通常是我的第一個反應。但是，當批評迎面而來的當時，你的情緒大概會有些失控，所以開口之前，你需要「等」，不要急著說話。給自己一點時間，再應對。讓痛苦有時間消退一點，確知自己冷靜了，然後才思考批評的真實性。

我不是說我們應該接受所有的批評都屬實。我是說，被批

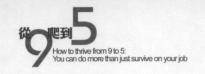

評的那個時刻，我們多半不夠客觀，沒有辦法對批評做良好的取決。妥善的回應是，儘量少說話，在那個時刻不要自我辯護。我學到了，如果我在這種情況下立刻反應，我的反應通常是錯誤的。但是，如果我等待，我就能做相當客觀的評估和合宜的應對。

「謝謝」批評指教

當場處理批評的一個方法是，不要讓自己在那一刻反應，而是要謝謝對方告訴你。這樣你就有多一點的時間來控制自己當時的感受。你很可以這樣說：「你知道嗎，我真的很謝謝你跟我分享。我會思考的。」但是要記住，當你還在反應的階段時，你並不能完全掌握自己。所以，多給自己一點時間，或儘可能少說，等你的情緒穩定下來，再好好思考。

不要受批評影響而自咎

我們也需要學習，避免讓批評令我們內疚。批評並不一定是確實有根據。如果確實，我們只需要做適切的改善；如果不屬實，我們需要把它從腦子裏清除，忘掉它。不管是哪一種情況，我們都不需要讓自己內疚。

心懷不必要的內疚感，實在是自我毀滅。神無意讓我們內疚不能自拔，我們也不需要讓批評在我們生命中製造內疚感。一旦你評估了批評，客觀的面對問題，也採取了必要的行動，內疚感應該除去。當批評已經被處理了，或已經沒有甚麼可做的，我們卻仍常常繼續活在自責裏，那就是抵制成長，讓我們陷在虛假的罪惡感裏。

懇求建設性的批評

　　另一件好的事是，適當時機、向人請益。一個成熟的表徵是：認識自己所知有限，向適當的人請教，提供你一些建設性的、有益的批評。當然，你需要知道那人是真正關心你，能夠在那方面給你好的建議，可是別找那些只說好話的人。如果你真心要在某些方面改善，懇求適當的人給你良好的批評。當你懇求而來的批評，多半是以比較順耳的方式時，你也比較好處理。

✳ 學習如何批評 ✳

　　若你的職責是要對人提供建設性的批評，那麼求神給你有識別那人的能力。不同的人對批評的處理也不相同。我們需要考慮他們的感受。不過，當我們需要提出必要的批評時，即使那人會有初期的防衛反應，或拒絕接受，我們仍然要願意批評。即使他沒有改變，我們還是不能忽視自己需要提供批評的責任，為了他好，用最可行的恩慈方式提出批評。

　　然而，我們若沒有作建設性評論的職責時，我們需要學習閉上嘴，讓他們從自己的錯誤中學習。作父母的總做不到這點，特別是當孩子長大後。最近，一個朋友告訴我，他已經成年的女兒和女婿覺得，他干涉他們的生活太多，也太苛刻。他告訴我說：「我只是想幫忙，每當我看見他們作錯了，我希望給他們意見。」可是，他們認為那是批評，干涉。

　　我告訴他：「只要禱告，閉上嘴。」我察覺，這是一個很唐突的建議。但是，有時候你的確需要退出來，讓你的成年孩子自己去犯錯，多為他們禱告，只有當他們詢問時才提供意見和評論。很顯然，若你有一個孩子走在罪惡和毀滅的道路上，

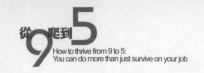
從9爬到5
How to thrive from 9 to 5:
You can do more than just survive on your job

神可能要你警告他。即使這樣，最後的決定仍然在孩子手中。

要記得，若你遭受不適當的批評，你要幫自己一個大忙：盡全力傾聽它的信息，但是別讓它的外表給纏上。把批評的外衣跟它的內容分開。找尋那拙劣外衣背後中肯的回饋，你可能會發現一些幫助你有意義的信息。

跟直接了當的批評比較起來，我個人當然會喜歡親切、不明顯的、暗示性的說法，但是我需要誠實的評論。否則我的成長和效率都會有問題，我當然不願意。

箴言19：20說：「你要聽勸教，受訓誨，使你終久有智慧。」13：18又說：「棄絕管教的，必致貧受辱；領受責備的，必得尊榮。」我們需要在生活中有紀律，讓我們能正確的處理批評。我們做到時，我們是成功、得勝的人。擁有這樣的心態，在職場上，我們不會僅是數饅頭過日子。我們會大放異彩！

使用下頁的測試，找出你可以改善自己處理批評的方式。

✳ 如何面對批評/非難 ✳

評估你對批評的處理能力如何，找出你的弱點，做一項計畫來改進：

1. 當有人批評我的時候，我最尋常的反應是：
   ＿＿＿我深感內疚，雖然我並不見得知道自己為什麼內疚。
   ＿＿＿我通常會很生氣的立刻開口反駁。
   ＿＿＿我反擊那個批評我的人，要他不好過。
   ＿＿＿我會咬緊牙關，不說話，假裝沒那回事。
   ＿＿＿我受傷害、生氣。

_____我在他背後數落他，破壞他的名譽。

_____我嚐試控制自己的反應，讓傷害過去，同時思考批評的真實性。

2. 我對下列的批評型態有很大的障礙：

_____從我不能尊重的人來的批評。

_____從比我更需要被評論的人來的批評。

_____不公平的批評，但是我既沒錯也沒有職責。

_____當著他人面前做的批評。

_____生氣做的批評。

_____破壞性的批評，意欲傷害，而非幫助我。

_____針對我某一方面的批評（如工作表現、外貌、可靠性、心態、動機等）。

　　　指明是哪一方面：_____

_____時機不對的批評，當我累了、沮喪、過勞或心情低落時。

3. 我最難面對下列人物的批評：

為甚麼

_____我的經理_____

_____同事_____

_____顧客_____

_____配偶_____

_____孩子_____

_____父母親_____

_____特殊的朋友_____

4. 我有誠懇的詢問下列的人。提供我意見、評論和幫助，改進我自己：

項目　　　　何時

_____我的經理_____

147

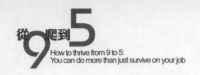
_____同事_____

_____顧客_____

_____配偶_____

_____孩子_____

_____父母親_____

_____特定的朋友_____

5. 當我批評別人時：

_____只有在適當的時機我才批評（是我的職責所在，那人是我的職責所在，或那人尋求我的意見）。

_____我從不在他人面前批評人。

_____我會同時給當事人正面的肯定。

_____我確保所做的批評是為了他人的益處，而不是只想發洩我的怒氣或沮喪。

_____我預先想好該怎麼說，使我的話語盡可能柔和。我嘗試以愛心說誠實話。

_____我控制我的聲調平靜。

_____我嘗試找對方不忙，或不會分心，或沮喪的時候。

6. 下列這些方面是我需要改善對批評的處理：

_____當我被批評的時候，不自衛、反駁。

_____學習聆聽批評，略過情緒，把痛苦轉為獲益。

_____不讓我生活中過於苛刻的人繼續讓我內疚。

_____度過反應階段，使自己思考批評的真實性。

_____不向批評我的人採取報復行為。

_____當我不是適當的人選，或時機不對時，不去批評。

_____一旦過去，學習讓它過去，不再流連、胡思亂想。

12

時間／工作管理

她工作非常勤奮；每天晚上加班；難得午休；看來似乎被沉重的工作壓得透不過氣來。她工作的勤奮，博得很多人的同情。「可憐的蘇姐，我真替她難過。她的工作太多，從來不能準時下班。」這是她的同事普遍給她的評語。

我就是這些同事中的一個，常常內疚，自覺沒有像她那麼勤奮。不過，當我多瞭解她的情況後，我開始看出蘇姐的工作時間的確長，要多花許多精力。不過，我們多數人都能在較少的時間內完成同樣多的工作量，只因為蘇姐未運用任何方法去計畫她的工作、安排時間及掌控精力所致。

有時候我甚至覺得她是想博得人的同情。不過蘇姐很滿意，她能告訴人她昨晚做到多晚；提醒人她今天又沒時間吃午餐；每天早上在其他人上班之前，她已經在辦公室了。我的結論是：蘇姐這樣做，有一部份是要讓自己相信自己很重要、有價值。

在我的工作生涯中，我多次跟工作勤奮，但是不夠聰明的人共事。真正能在職場嶄露頭角的人，是那些懂得怎麼樣善用他們一天8到9小時的時間，完成指定的工作，在相當正常的作息時間表內跟上進程，保留下時間過他們工作外的生活，達到一個平衡、平穩的生活型態。

你是否聽過「計畫工作，工作計畫」這樣一句俗語？我記得在自己早期的工作生涯中，受過這種訓練，這句俗語涵蓋許多很好的建議。

時間是我們最有價值的資源，一旦使用了，就再也沒有辦法補償或追回。神要我們在時間的運用上，向祂負責。我們每個人每一天都擁有24小時的時間，但是在使用上，有些人就是比其他人更有智慧。

保羅告訴以弗所人，「你們要謹慎行事，不要像愚昧人，當像智慧人。要愛惜光陰，因為現今的世代邪惡。」(以弗所書5:15-16)我們需要學習實用的方法，來善用我們的時間，讓神稱許我們是聰明的管家。

時間的管理是一項很多人深入探討的主題，卻很少人能確實善用時間。當然，我們不能歸咎於缺乏這方面的資訊或幫助，因為幾乎所有的書局或圖書館均有協助我們規劃工作，做出計畫的書籍、資源。因此，問題的癥結只在於「下定決心執行」。

不過，我發覺有些人對自己需要如何善用一天24小時的時間，沒有一點概念。因此，下面有一些能幫助你在職場上，或私人生活中善用時間的實際方法。

✤以目標為導向✤

你知道意願和目標不同之處嗎？目標是實際，可達成的事項。我可以想要成為一個太空人，但是它絕不能成為目標，因為我不可能達成。目標有期限，在某些方面是可測的。我可能想減重，但是若想要達成，我需要定下一個目標和期限。「在四週之內我要減重10 公斤。」那就是目標了。

依此目標的定義，你是不是一個真正目標導向的人，或你只是許了很多的願望？我發現我們多數人是許願的好手，然而很少人能把這些意願轉變成目標，盡心力達成。畢竟，意願不需要花任何精力或訓練；目標卻需要。意願不需要我們付出，目標卻需要。下面有一些例子，讓你看到這些意願如何能成為目標：

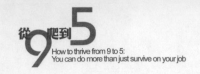
從9爬到5
How to thrive from 9 to 5:
You can do more than just survive on your job

意願	目標
我要更有組織力	為了要更有組織力，我從今天開始要每天使用代辦事項清單。
我要跟同事相處更融洽	為要跟＿＿＿相處融洽，我下週要請他吃中飯，試著跟他建立良好關係。
我要清除債務	為要成為一個更好的財務管家，在付清所有信用卡的債務之前，我不再刷卡，此後每個月只在能力支付的限額內刷卡。
我要尋找一個比較有趣的工作	為了尋找有興趣的工作，我下個月要開始在社區大學上電腦技能課程，獲得工作進階所需的教育。

　　選出一件你想要達成的事項，一件你想在你的生活中，工作上，或人際關係裏改善的事。寫下來。自問：「我寫的是意願還是目標？」

　　一旦你寫下來了，把它轉成目標的形式，再自問：「我有多想要達成？」如果你不是真心想要達成這個目標，就不可能達成。耶穌說當我們全心尋找祂的時候，就會尋見祂。許多人想多認識神，但是很少人樂意花所需要花的時間和精力，盡全心尋找祂。當你看著你的目標時，你必須確知你是真心承諾、保證。

　　要成為一個目標導向的人，你必須列出你的長程目標，每天的短程目標，再把這些目標分成可處理的幾部分，使自己能對這些事負責。

列下你的長程目標

　　首先，坐下來列出所有你在工作和私人生活上想要達成的長程事項。多數人都有夢想和計畫，很多「當我們有時間的時候」要做的事，但是，不知怎地，多半只是雷聲大雨點小，因為我們老是騰不出時間來。大部分的事經常是相當重要，應該要達成的，但是如果你不計畫把它們列入你的目標表上，它們不會自己發生。

　　所以，要列下所有你想做的事。這些或許是「上寫作技能的課程」，「重新整理較有效能的檔案系統」，或「修一門聖經函授課程」。寫下這些長程目標之後，編排先後次序，並訂定每一項的截止日期。截止日期要設定得實際，而每個期限的設定也應適當。

列下你日常的短程目標

　　現在，寫第二份清單，就是你當天工作進程表上的待辦事項。我鄭重鼓勵你每天依據清單行事。你不需要花太多時間寫清單，只需要幾分鐘，但是能幫助你步上軌道，循序而進，度過一天。

　　為了要達成那些長程的目標，你也需要把一部份擺在每天的例行公事清單上。所以每一天至少要做到長程目標的一部份。或許你只能撥出十五分鐘的時間，不過，只要你持續如此做，那看來好像遙遠不可及的長程目標，就會一點一點被完成了！

　　別忘了在你的清單上要列出一些事，像：「寫張紙條給寶寶，鼓勵她，」「給真真一張生日賀卡，」或「打電話給蘇蘇，邀請他上教堂。」如果你不這樣做，在忙亂中這些常常會

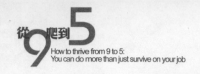
被漏掉。

把目標分割成能夠處理的分量

為了要達成這些比較大的目標，你一定要每一次做一點。有時候我們會很喪氣，因為我們看見眼前的工作奇大無比，似乎永遠辦不到。如果我們把一項目標，分割成一小塊一小塊，看來就不會不可能了，很快地我們會發現已經達成了。

這本書是我寫成的第六本書。起初，每一本看起來都像無法達成的目標，令我覺得壓力奇大，非常喪志。但是，當我把目標分割成好幾部分，定下每一章、每一段的截止日期時，我就能著手每次寫一章，而不是一整本書，在十三、四章後我就完成一本書了。在設定實際、可行的目標時，有一個很重要的原則是：把目標劃分成幾個部分，你就不會覺得喘不過氣了！

自行負責

我要鼓勵你在所設定的目標上，建立自己的責任感。找個人查核你的進度；讓一些人知道你的目標是甚麼。擔負責任是很重要的。設定目標是一種技術，在我們生活的各層面都需要。當我們成為目標導向的人時，我們就能討神的喜悅，因為我們會在祂給我們的時間和資源上，漸漸變成更稱職的管家。

✽ 內外在的顛峰時段 ✽

妥善處理時間的一個方法是，要對自己內在、外在的顛峰時段有所認知。體內的顛峰時段是當你工作效率最好的時段。對我而言，是早上五點到中午。這個階段我能全速投入，我的精力最旺盛，我的衝力最強勁，我的創意文思泉源。我盡可能

把這段顛峰時段，保留給神和我的寫作。

我們很容易就會讓自己的顛峰時段從指尖溜走，被那些可以在其他時段處理的電話或瑣事給消耗。如果可能的話，我總是把辦公室以外的約會排在下午。我的職員都能幫助我在上午的時段不受干擾。當我的工作效率開始緩慢下來時，我會把不需要太花腦筋的工作挪到下午或晚間。

你要盡可能把體內的顛峰時段用在最重要的職責上，用在那些需要你花最多精力和創意的事上。

外在的顛峰時段，是當我們要做決定、詢問及取得資訊時，能找到外在資源（多半是人）的時段。在你最有可能找到你所需要的人時，打電話給對方；知道要逮住上司，交互商討的最佳時段。辦公設備最不擁擠、最方便使用，是甚麼時段？安排你的職責，盡量免除空等的時間。

✽ 預期干擾 ✽

沒有預期的事很花時間，我很懷疑我們是否曾有一天不被干擾。當我們在規劃工作時，當然要有彈性。不過，即使有變動的必要，規劃仍然是掌控時間，善用光陰的好方法。

✽ 簡化、寬敞的工作環境 ✽

你目前的工作，或桌面看來如何？是否攤了一堆凌亂的文件、報告等等？你是否有好幾件工作拖延過久？你是否老是把需要完成的工作，調來調去？你的桌上是否堆積了一堆報表、計畫，自己一再重新整理、歸檔、重列在代辦事宜清單上？如果你把這些一再重新安排文件的時間加起來，你會發現你在調

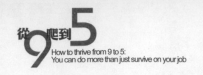

整文件的時間，應該已經可以完成好幾項工作了！

有時我需要停下工作，優先把在桌上停留太久、導致桌面弄得很糟的企畫書給扔掉。當你在重新調整文件時，請自問：「我為什麼不現在就著手呢？」如果你想不出一個好理由，而如果這件事一定得處理，那麼要趕緊處理，不要再留在腦子裏、桌面上，走出一再「重新調整」的模式。「每一份文件只處理一次」是一項我們應該依循的原則。，如果可以現在著手，現在就動手！

✽ 預防致命的惡習：拖延 ✽

當然，有時候我們會反向而行，一直埋首處理一些不太重要的事項，避免去面對那些較困難、費力卻應該是優先的事項。或許你只是不知道如何動手做你清單上的企畫，所以你就埋頭做一堆次要的小事，避免面對它。

我學到開始動手的唯一竅訣是：就動手吧！就全身躍入，埋頭，開始「游」！

拖延是致命的惡習。你到底堆積了多少事項，還沒有著手呢？我鼓勵你今天就動手做一些，開始一項計畫。打個電話，問一個問題，寫下第一頁，開始！

通常這就是最難的部分；但是，如果我們不開始，就會一事無成。

✽ 學習說「不！」✽

懂得管理時間的人，是懂得如何在適當的時機說「不！」的人。我必須承認，我有困難說「不！」但是，我在學習。

就因為你被叫去做某件事，並不表示你就是做這件事的適當人選。不要因為壓力，而說「是」。當你知道你不能做時，就不要回答：「我馬上去做。」

如果你的上司要你做一件並不是你時間能支配的工作，你可以這樣說：「我願意現在為你做這件事，但是，如果做了，我就無法完成你昨天給我的那件工作。不過據我的理解，那件事似乎比較重要，是嗎？」

當有人問你：「有幾分鐘的時間嗎？」他們通常需要不止幾分鐘的時間。你可以反問他：「真的就是幾分鐘嗎？我現在是有幾分鐘，但是，若需長點時間，我們要待會兒再說了。」

減少干擾

誰最常干擾你？你能如何減少那些干擾？或許你可以建議那個人，你們同意一個特定時間，把所有需要處理、討論的事一次全部處理完，而不需要多次談論，以致於一再中斷工作的流程。這樣做你會省下許多寶貴的時間。

集合同性質的工作，可以免除每次開始發動的時間。舉例來說，你不需要每天簽寫支票。你大可以訂每週五簽寫。那麼，你就能省下許多「開動」簽寫支票的時間。

適當的訂下一些日常的工作流程，避免不必要的延遲和騷擾。比如：你是否經常中途短缺所需的供應品和存貨清單？設定一個流程和一份清單，讓自己在某些日期清查庫存，或存貨時同時出訂購單。這樣就能避免你在找不到你所需物品時的那分恐慌，還可以省下許多時間、金錢或不安。

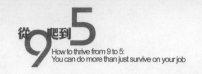
保留你時間上「初熟的果子」給神

讓我就時間管理的這幾件事做結論。我要提醒你把每天的黃金時段保留一個時段，跟神相交，閱讀祂的話語、禱告。每一個基督徒在他的代辦事項的清單上，都應該把這一項列在最上面。

我們似乎有上百條的好理由，跳過與神相交的時間，而且似乎也有很多事務會擠進來。但是，我以親身的經驗告訴你，如果你跟神每天沒有足夠的量和質的關係，自己必會受損。

如果你在每天的開始，花時間跟神相交，你會發現那一天過得特別有效力、有成就，少有騷擾跟慌張。請相信我，如果沒有把神擺在你生活中最高、最優先的地位上，你會擔當不起如此的後果。

我相信大部分的挫折感是出自於不能善用時間所引起的混亂，這讓我們沒有成就感，因為工作未能完成，而在生活中造成壓力。

以弗所書5：16說：「要愛惜光陰，因為現今的世代邪惡。」做工作計畫，實施計畫，看來好像不是屬靈的事，但是，當我們善用祂給我們的「光陰」，我們誠然就榮耀了祂。

以下一頁的測試，審查自己在時間運用上的技能。

時間管理的測試

回答下列聲明，瞭解自己管理時間的能力如何。

	都是	經常	有時	未曾
1.我多半能從容開始每天的生活，因為我能早起，避免擁擠、匆忙。	☐	☐	☐	☐
2.我使用時間管理的技術，察看每天需要完成的工作及設定先後順序。	☐	☐	☐	☐
3.我多半都能準時赴約、工作或其他承諾。	☐	☐	☐	☐
4.我多半能準時完成任務。	☐	☐	☐	☐
5.我目前已著手一些特定的個人或工作上的長程目標。	☐	☐	☐	☐
6.我不經常挪動或重新安排桌上的文件，而是經常翻閱、處理、清除。	☐	☐	☐	☐
7.我使用檔案管理系統，保存所需的資訊和文書。	☐	☐	☐	☐
8.我不是慣常拖延工作的人，並且我儘力避免臨時抱佛腳的場面。	☐	☐	☐	☐
9.我通常都能在預定時間內，把指定工作做完，而不需要加班。（如果你要經常加班，察看是真的出於不實際的工作量，還是你沒有盡全力。）	☐	☐	☐	☐
10.我很少放棄手上的工作職	☐	☐	☐	☐

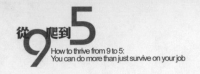
責，忘記該做的事，和該去的地方。」

計算你每次答「都是」的次數，算出你的分數。

總　分

9-10	你是一個傑出的時間管理人。
6-8	你是一個好的時間管理者。
4-5	你在時間管理上，需要多下功夫。
2-3	你的時間管理很差。
0-1	你需要求救了。

13

掌握能掌握的

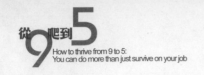

馬夏是一個我很敬仰的基督徒，她面對的是一個無法掌握的局面：一個工作狂的丈夫，思特。在他們多年的婚姻生活裏，馬夏多次嘗試要思特破除這種惡習，都沒有成功。最後她的結論是，她無法控制丈夫；不能強迫他改變；無法令他聽從她。

當時，馬夏必須做一個決定：做一個嘮叨的人；或離開丈夫，毀掉他們的服事；或掌握自己所能掌握的，從丈夫之外以合法的方式找到自我表現的滿足，因為他完全埋在自己的事工裏，很少在她身邊。馬夏決定不放棄她的婚姻或家庭，要掌控自己能掌握的，就是她「自己」。她開始參加一些能令自己滿足的活動，運用她的恩賜、長處從事一些會給她滿足感的事工，去服事他人。雖然馬夏會更樂意有思特陪伴，但是她無法控制他，所以她就掌握她能掌握的：「自己」。

結果，思特發現馬夏從其他活動找到滿足。當他對馬夏說：「你不再喜歡我了！」馬夏溫柔的對他指出事實：她的確在沒有他的場合找到滿足，只因為她無法使他相信，他對工作的狂熱是問題的癥結。藉由馬夏愛的幫助，思特才瞭解她的爭論點。他開始計畫克服狂熱工作的惡習，現在他很明顯的改變了情況。

我對馬夏處理問題的方式，頗有好感，備受激勵。她儘可以用很具破壞性的方式處理，然而她選擇掌握自己所能掌握的「自己」，而不再浪費更多的時間或精力，想去掌握她無法掌握的 —— 他的丈夫。馬夏以恩慈、不自私的方法，終於幫助思特明白問題所在。結果思特也願意掌控他能掌控的 —— 狂熱的工作傾向。

最近我看到一段引起我注意的文章：如果你能掌握你能掌握的，你就能應付你所不能掌握的。我開始思想這件事，覺得這句話頗有見解。

你不認為我們常常浪費很多時間、精力，為我們所不能掌握的人、事、物煩惱嗎？我們費盡力氣要掌握那些不受我們掌握的人、事、物，到處使用手腕，然後很沮喪的發現，我們真是白費力氣。嶄露鋒芒，而不僅勉強度日，多半是要看我們有多大的本事，能專注在可掌握的事上，學會對不可掌握的事放手。

那些我們無法掌握的事不見得跟我們的工作有直接的關係，但是，一旦我們想掌握我們所不能掌握的，它竟會負面的影響我們全面的生活。你或許是想掌握一個不能掌握的家庭成員，但是因為它所造成的情緒上的耗損，會對你處理工作的能力起漣漪式的影響。

✽ 面對無法掌控的情勢 ✽

我們生活中有四項最常見的無法掌控的情況：其他人，我們的傳統，過去和環境、情勢。

1.其他人

婚姻伴侶。我收到的來信中，常有先生在婚後25年離家出走，或年輕的妻子突然決定不要再受孩子、先生的拖累，要過自己生活的故事。在我的主日學課堂裏，至少有六位婦女，她們的先生需要改變，不是酗酒、非信主就是人格異常。但是多年的婚姻生活，仍舊無法改變這些男人。也可能只是一些小事，像改變配偶把髒衣服隨便丟在地板上，或用完牙膏忘記蓋蓋子等習慣，但是所有結了婚的人或多或少都會因為無法改變配偶，而有挫折感。

子女。父母親都要面對一件事實，就是你無法永遠掌控你的子女。雖然兩歲的孩子夠煩人，但是面對兩歲的孩子，若沒有其他方法可行，至少你還可以抱起他來，用限制身體的方

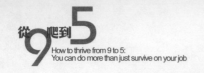
式，掌握他的行動。等他們長大了，你會發現你對他們的行為
完全無可奈何。現在你們有些人會有吸毒、依賴毒品、酗酒、
活在罪惡中，或離開基督徒教養的孩子。你可以教訓他們，你
可以為他們哭泣，甚至迫切禱告，但是你就是沒有辦法掌握他
們的行為舉止，他們現在擁有自由，可以隨心所欲。

我想到玳伯，一個很親的朋友。他一直耐心的信賴神，會
把他的兒子們帶回頭。他們都是在基督徒的家庭長大的，但是
已經選擇離開起初的信仰了。玳伯的兒子們生活在叛離基督徒
的生活形態多年，他渴望看見孩子們改變，回到神懷裡。他絕
不會放棄，也絕不會停止禱告。不過，事實是他不能改變他們
的行為。如果他能，他們早就改變了，現在也會為神活。

上司、同事。你曾有多少次說過：「如果我的老闆能夠有
多點組織性，」或「如果我的經理能好溝通一點，」或「但願
我不需要跟這個暴君工作！」如果你能，早就立刻換老闆了，
不過，你無法掌握你的老闆，對不對？

跟你的同事也是這樣。貝佳跟艾嵐這種令人難以忍受的人
工作了兩年。艾嵐有本事讓每一天的工作既艱難，又不討好。
請相信我，如果貝佳能改變艾嵐，掌握他的言行舉動的話，他
早就做了，不會等到現在。但是，貝佳學會接納一件事實，那
就是他永遠無法控制艾嵐的行為。

2.傳統

對於你會出生在那個家庭，你絕對無從選擇。你一睜開那
雙嬰兒眼，就已經在這個世界裏，在一群你必須熟識的人當
中。我確實很幸運，生長在一個充滿愛、安全和基督教教養的
美好家庭。但是我很清楚，你們中間有很多人的家境，或許仍
舊非常艱難、辛苦，有可能只是個性的衝突，甚至有可能是承

受各種型態的虐待。我們無法掌握自己出生會是男或女。我們所出生的家庭如何，也不是我們能掌握的。這個家庭的傳統如何，更是我們無從掌握的。

3.過去

我們中間有些人會想要改變自己的過去。我們所犯的罪、做錯的決定、做壞了的選擇、轉錯的途徑，不斷攪擾我們。我們常會想，如果我們能改變、掌握過去的話，日子就會大不相同。

我想到一個基督徒朋友，南希。她嫁給一個婚前就知道是非基督徒的男人，因此她很清楚其中隱藏的危機，但是她仍然選擇了嫁他。多年之後，南希得學會面對自己的處境生活，因為她現在無法掌控或改變以前所做的錯誤選擇，那個選擇影響了她的整個生命。

你知道嗎？你、我都沒有辦法做任何一件事來使時光倒流，改變我們的過去。它已經成了定案。儘管它是多麼痛苦、艱難，或不公平，你無法掌握你的過去，就如你無法掌握你的傳統一樣。

4.環境、情勢

生活中當然有許多環境、情勢是我們無法掌握的：如經濟狀況、公司裁員的決策、酒醉的司機突然轉向撞了你的車、生活指數、稅務、公司政策、天氣等等，這張清單可以繼續一直寫下去。

✽ 我們對不可掌控者的典型反應 ✽

當我們在生活中面對人、事的無法掌控時，我們通常會如何應對？我們常常想改變他/它，取得掌控權。有多少妻子想改

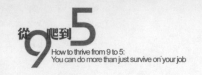
變丈夫？又有多少丈夫想改變妻子？幾乎每一對夫妻都經歷過嘗試改變對方的緊張過程。我們嚐試改變我們的兒女、父母、同事，或老闆，只因為我們完全相信，如果他們照我們的意願改變了，對每一個人來說，日子會好過的多。或許真的是能如願以償，但是要改變，談何容易？

有些人對人、事或情勢等無法掌控時，會選擇否認、佯裝它／他們不存在，更有人嘗試逃避。我想到愛林，他常常搬遷、變換工作，從未找到一個令他滿意的教會，經常在遷移。他在處理不可控制者的方法就是逃避困難。

有誰在一生中沒有使用過這種方法？大衛把我們想逃避的傾向做這樣的描述：「（我說：）『但願我有翅膀像鴿子，我就飛去，得享安息。』」（詩篇55：6）

✻ 嘗試掌控的後果 ✻

當我們活在嘗試掌控些不可掌控的生活模式時，我們最終總是沮喪、失望，嚴重傷害自己。我們會慢慢累積憤怒和苦毒，使自己嚴重受損。我們會懷恨、想報復，在生活中加添許多壓力。

你能想像我們浪費在生活中諸多不受掌控的時間和精力嗎？我當然也付出不少的期待、苦惱、抱怨，嘗試支配、掌控不受掌控的人、事。當我這樣做的時候，我用盡了許多情緒精力，卻一事無成，而實際上我可以很有建設性的使用它們。那時，我是在暫求生存，而非蒸蒸日上，只是為自己的寶貝生命，還堅持在那裡！

還有，當我們想掌控那些在我們生命中不能被掌握的人、

事,事實是我們允許它們毀了自己的喜樂。既然已發現我們不能掌握它們,卻仍然不肯放棄,那我們就在它們的掌握中,得看對方,隨他處置了。我們的幸福、平安及滿足要仰賴它們的行為、表現或心態;發現自己處在情緒的雲霄飛車上,它們的行為表現好時,我們的情緒就高昂,當我們對他們的行為失控時,就陷入低潮。

這樣,我們因為無法掌控而沮喪時,就多半會怪罪神。我們跟祂的關係就破裂了,我們失去了祂的愛及力量來幫助我們,我們就會嚐到許多苦楚。我們為什麼這樣做?神並沒有令我們失望;祂並沒有離開、捨棄我們。祂要給我們出乎意外的平安。但是我們沒有這個平安,是因為我們捨棄了祂,而不是祂捨棄了我們。

要學習到不去掌控不受掌控的人、事,並不容易。最近,我需要處理一個真的不可掌控的情勢,我很迫切的想盡方法要掌控那個局面。我非常沮喪,晚上不能成眠,不能像往常一樣,工作有效率,有成果,因為我的全副精神都消耗在修補那個修補不了的事上。

最後,我聽見內心裏神的靈說:「你絕對沒辦法在這件事上繫一個結,」意思是說,不管我做甚麼,情況都不會改善。所以我必須放手,沒有解決問題,事情沒有結尾,沒有一個「永遠快樂」的終結。對我來說,那是很痛苦的事實。

你也是嗎?不過,那些情況教導我們信任我們在天上的父;教導我們,承認自己有多軟弱、無助;教導我們存謙卑、靠信心、仰賴神。

要記住這一點:當不受掌控的人、事、物讓我們的生活苦不堪言時,是因為我們允許它們。如果我們選擇脫身,它們就

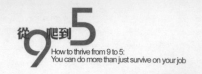

沒有辦法把我們推上那個雲霄飛車上。你要怎樣脫身呢？要選擇，在意志上做決定，藉著禱告以及神在我們生命中聖靈的能力。這當然需要你的意志力，但是你若不讓神加添你力量，你多半不可能辦成。

✽ 從不可控制力中得釋放 ✽

此刻你面對哪一種不可控制力？一定有某件事，或某個人，還可能不只一個人或一件事。你是怎麼處理那個不受掌控的人、事呢？懷著恐懼、沮喪、怒氣，或絕望嗎？

我有好消息給你。如果你集中精神來掌控你可以掌控的，你就能應付你不能掌控的。我要鼓勵你去理解，你不需要在你生命中繼續做那些人、事、物等不可掌控力的囚犯。耶穌基督來，要把你從各式各樣的牢籠中釋放出來，而祂絕對做得到。

問題是，你是否願意放手，讓它/他走？承認你無法掌控或改變它／他？你是否厭煩生活在拒絕、嘗試想逃離？你是否預備捨棄你對那不可掌控力長久以來所積聚的苦毒和復仇的心？這一切都要從你的心智開始。

神能，祂正等著要為你擔當這份重擔，處理那個不受掌控的人、事，不論你是否下定決心，神都在那兒，祂會給所有的幫助，支持你的需求，只要你承認一切非你能力所能掌控，交給神。

✽ 認定能掌控的 ✽

在我們生命中，有一些事是我們可以掌控的，包括我們跟神的關係、我們的思緒、我們的舌頭、我們的心態和我們的誠

正。讓我們專注在我們能掌控的事上吧！

我們跟神的關係

只要我們願意，我們就能跟耶穌和天上的父神想要多親近，就有多親近。不過這需要付出、紀律和渴望的心，但是祂應許，只要我們全心全意尋找祂，就必尋見。你掌握你和耶穌的關係嗎？當你跟耶穌的關係比你跟其他任何人、事、物的關係更重要時，你就有力量去應付那些不可掌控力。

如果你跟我一樣，你會發現，當你和不可掌控力「摔跤」的時候，你會疏忽的第一件事是，你與耶穌的關係。你不是找藉口說，不可掌控力佔據了你太多的時間、精力；就是你沒有心情。想掌控不能掌控的人或事，總是很令人沮喪，會讓我們的心緒枯竭。對吧？所以我們就沒有任何渴望花時間跟神相交的心了。

如果我們樂意的話，就沒有人能阻止我們跟耶穌相交。好好思想，沒有任何人或環境能把耶穌從你心中搶走。保羅從他的詞彙裡找出所有能用的字句來表達他的意念，說：「因為我深信無論是死、是生、是天使、是掌權的、是有能的、是現在的事、是將來的事、是高處、是低處、是別的受造之物，都不能叫我們與神的愛隔絕，這愛是在我們的主基督耶穌裏的。」（羅馬書8：38-39）

保羅指的是基督徒永恆的保障，但是也指出我們每日與基督的同行。如果我們不允許，就沒有任何事、任何人能干涉我們體驗、認識基督在我們生命中的愛的能力。這世界能把我們監禁在它的牢籠裡，奪走我們所擁有的一切，但是，沒有任何人、事可以從我們生命中奪走耶穌和祂的同在。

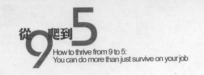

此刻是否有甚麼不可掌控的人、事、物，阻隔了你跟耶穌的關係？情況並不需如此！你現在可以做個選擇，不管這件不可掌控力是多麼困難、令人沮喪，你要緊緊跟耶穌相隨。這意味，你要回頭跟神相交，讓祂的話語餵養你，談論祂、想到祂，不再專注在不可掌控力上。

我保證，當耶穌是你生命的中心焦點時，你對那些不可掌控力就會有嶄新的看法。當我花那些沮喪的日子，嘗試掌控不能被掌控的事務，擔心那些狀況；浪費我寶貴的時間、精力在超出我能力範圍的人、事、物時，我渴望花時間與耶穌相交的心就走下坡了，因為我的心緒已經耗損、枯竭。

有一天早晨我終於回到神面前，當我一打開祂的話語閱讀時，祂的話語就像甘泉淋在乾旱的土地上。我盡情的吸允祂的話語，才恍然大悟我有多乾渴，多渴慕只有祂才能給的活水。一旦我一而再的滿足了內心對耶穌的渴望時，我對不可抗力就有了比較好的概念。神把一個人帶進我的生命中停留一段短暫的時間，幫助我獲得所需的洞見，使我能夠把那個不在我掌握之下的情勢讓過，繼續往前邁進。

耶穌從未走出你的生命。如果你跟祂之間有了距離，那是因為你離開了祂。但，這是一件你可以掌控的事，所以回去吧！回去與祂相親吧！

我們的思緒

保羅寫信給哥林多的教會說：「將各樣的計謀、各樣攔阻人認識神的那些自高知識，一概攻破了，又將人所有的心意奪回，使他都順服基督。」（哥林多後書10：5）

我不好過分強調學習掌控你每一個的思緒，挾制你每一個

念頭的重要性。到底讓每一個念頭都降服在神面前是甚麼意思的？我是這樣想的：我要不要耶穌聽到我在想甚麼？我會對耶穌坦然的大聲說出來嗎？如果不要、不會，那麼我就不應該這麼想、這麼做。畢竟，祂知道我所有的心思意念。

如果你常會在腦子裡孕育出一些錯誤的念頭，往最壞的地方想、停留在消極的思緒中，讓你的想法受環境，或你裝進腦子的錯誤資訊來左右，你就絕不可能勝過不受控制的事物，也絕對得不到平安和滿足。

順從保羅給腓立比人的教導：「……凡是真實的、可敬的、公義的、清潔的、可愛的、有美名的，若有甚麼德行，若有甚麼稱讚，這些是你們都要思念。」（腓立比書4：8）

我們的舌頭

另有一件我們可以掌控的是我們的舌頭。說到要點了，是不？雅各告訴我們，當我們掌握住自己的舌頭，就能掌握住自己的全人格。（雅各書3：2）

每一天有多少的傷害，全是因我們的舌頭失控！光想想上個禮拜吧！你說了哪句話是你「但願」不曾出口的？你不需要說，但是你說了。你還沒意識到，就已經脫口而出了。一旦出口，又收不回去。我們多麼需要掌控我們的舌頭，和我們使用的字句。只要我們好好控制自己的舌頭，就能大大改善我們的人際關係。

這是我們每天都當擺在禱告中的事。有關舌頭的控制，我用好幾處經文禱告祈求，能成就在我生命裏，其中包括詩篇141：3：「（耶和華啊！）求你禁止我的口，把守我的嘴。」

從9爬到5
How to thrive from 9 to 5:
You can do more than just survive on your job

我們的心態

心態如何，一直都是一種選擇。在第一章裏，我們已經詳細探討過。記住，如果你最近一直在到處怪罪，或許你需要求神給你一個全新的心態。大衛禱告說：「神啊！求你為我造清潔的心，使我裡面重新有正直的靈。」（詩篇51：10）。保羅寫下：「就要脫去你們從前行為上的舊人，這舊人是因私慾的迷惑，漸漸變壞的，又要將你們的心志改換一新，並且穿上新人，這新人是照著神的形像造的，有真理的仁義和聖潔。」（以弗所書4：22-24）

把老我去除，換上新人，我們就能掌控自己的心態。身為基督徒，我們有神的靈住在我們裡面，而聖靈是不會有敗壞的心態。如果我們有，那是因為我們沒有穿上新人，沒有在心智上煥然一新。可是，不管是哪一天、哪一個時刻，一旦我們選擇讓神的靈改變我們的心態，我們就能隨時成為新造的人。

我們的誠正

我們可以掌控自己的誠正和可靠性。在執行每件事上，你是否完全誠實？你是否被公認是一個可靠的人？基督徒在商場裏對這問題是否認真相當重要。基督的名受嚴重的損傷，是因為基督徒紙上談兵，只說不做。

最近，保拉告訴我，他收到一張計算錯誤的薪水單，多付了他一千塊美金。就像我們任何人一樣，這個誘惑很大，令他想睜一隻閉隻眼。他知道這件事很可能永遠不會被發現。

但是，保拉決定在生命中持守誠正。他知道就算沒人發現，耶穌知道。對他而言，這是更重要的事。因此，他去找督導，報告這項錯誤。督導很訝異，卻也很高興，他會永遠記得

這個見證。保拉選擇堅守誠正，做了一項對永恆的投資。

保拉從未曾認真做其他的考量，因為很早以前他就已經決志，不管要負任何代價，他都要誠實。誠正就是這樣被建立的。你不能等到試探來了，才來做決定。這是一項付出，你必須預先在神面前委身承諾，之後還要經常、不斷的再確認。

有一些我們在職場可以建立誠正的方法包括：

● 不管多小，不拿任何不屬於自己的東西，包括筆、紙、電話費和公司的時間。

● 不說任何謊話。沒有「善意的謊言」這回事。神對大小事同等看待，一樣處置。

● 不粗心大意、隨便承諾。每當你做承諾，要認真，確實執行，實現你答應過要做的事。

● 避免工作草率、懶散。當我們工作沒有達到自己能力所能及的卓越表現，我們就缺乏誠正了。

沒錯，生命中真正完全誠正的人寥寥無幾，但是誠正的人會出眾，會被辨認，也是事實。個人見證的影響力是不容否認的。

✳ 對付不可掌控力 ✳

以上是生活中能被我們自己掌控的幾件事。如果你、我願意花時間、精力掌控住這幾件事，我們就會有所需的力量、智慧，對付那些攪亂我們生活的不可掌控力。

是這樣的：當我集中精神，專注在掌控能掌控的事上，我的注意力就會從不受掌控的事上轉移開。我就不會有那麼多時

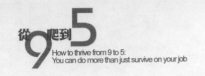
間讓不受掌控的事煩惱我，因為我在忙著掌握我所能掌控的。

當我掌控我所能掌控的事，我就不會為那些無從掌控的事浪費時間做無謂的瑣事。我們在第一章探討過，不管是在任何一天，我們都只擁有有限的情緒精力可以花費。當我們把它花費在不受掌控的人、事、物上而沮喪時，我們的情緒和身體都會被消耗，再沒有剩餘的資源可以使用在其他的事務上。當你灌注在能被掌控的事務上時，你會驚異自己的精力竟然如此充沛，因為你能看到激勵人心的成果。

如果你被不受掌控的事務搞得團團轉的話，我要激勵你放手，進入專心掌握能掌控的喜樂裏。你會找到難以相信的自由；你會更有成就感，不會再這麼容易疲倦；你與人相處能更愉快；最重要的是，你會更像耶穌！

耶穌沒有為那些經常設計要殺祂或至少要讓祂出醜的法利賽人和虛偽的宗教份子苦惱。祂只是繼續專心執行神的旨意。當別人對祂作不是祂生命計畫中的要求時，祂沒有沮喪。祂只投注在祂的父差祂來做的事。

在祂短暫的服事生涯結束時，耶穌能說：「我在地上已經榮耀你，你所託付我的事，我已經成全了。」（約翰福音17：4）。祂藉著掌握祂能掌控的，放手不受祂掌控的，而榮耀了祂的父。

當我們專注在掌控我們所能掌控的時候，我們就會在職場及我們生活的其他層面，向上提昇。當我學會讓神接管那些我們無法掌控的事務時，我們就能榮耀神。當我們專注在正確的事上，就能承受、處理不能被掌控的事。

下頁的練習能幫助你思考，如何掌握你生命中自己能掌握的事。

掌控能掌控的

1. 識別在你生命中如果你現在若能改變，你會想改變的人和情況：

　__ 配偶　　__ 職業　　__ 兒女　　__ 家庭
　__ 收入　　__ 經理　　__ 同事　　__ 婚姻狀況
　__ 其他：＿＿＿＿＿＿＿＿＿＿＿＿＿＿＿＿＿

2. 為什麼你要改變這些情況與人事？

＿＿＿＿＿＿＿＿＿＿＿＿＿＿＿＿＿＿＿＿＿＿＿

3. 如果你盡力，哪一項是你能改變？

＿＿＿＿＿＿＿＿＿＿＿＿＿＿＿＿＿＿＿＿＿＿＿

4. 哪一個項是不管你做甚麼都無法改變的？

＿＿＿＿＿＿＿＿＿＿＿＿＿＿＿＿＿＿＿＿＿＿＿

5. 在你生命中，下面哪一方面你已經失去控制？

　__ 我的舌頭　　　__ 我的飲食習慣　__ 我的健康
　__ 我的身體狀況　__ 我的可靠性　　__ 我的時間管理
　__ 我的工作習性　__ 我的惰性　　　__ 我的心態
　__ 我的思緒
　__ 其他：＿＿＿＿＿＿＿＿＿＿＿＿＿＿＿＿＿

6. 承認你在問題五你所認定的都是你能掌控的事項，那麼你願意如何掌控？

＿＿＿＿＿＿＿＿＿＿＿＿＿＿＿＿＿＿＿＿＿＿＿

＿＿＿＿＿＿＿＿＿＿＿＿＿＿＿＿＿＿＿＿＿＿＿

＿＿＿＿＿＿＿＿＿＿＿＿＿＿＿＿＿＿＿＿＿＿＿

國家圖書館出版品預行編目資料

從「九」爬到「五」／
魏梅立（Mary Whelchel）著；鄧明雅 譯；－初版.－臺北市；時兆，
2006〔民95〕
面； 公分.－（職場生活叢書系列；2）
譯自：How to thrive from 9 to 5：you can do more than just
survive on your job
ISBN 13：978-986-82608-1-8（平裝）
ISBN 10：986-82608-1-7（平裝）

1.職場成功法　2.人際關係

494.35　　　　　　　　　　　　　　　　　　　95017745

從9爬到5 職場生活叢書系列(二)
How To Thrive From 9 to 5

作　者	魏梅立（Mary Whelchel）
譯　者	鄧明雅
董 事 長	胡子輝
發 行 人	周英弼
出 版 者	財團法人基督復臨安息日會台灣區會時兆出版社
服 務 專 線	886-2-27726420
傳　真	886-2-27401448
網　址	www.stpa.org
電 子 郵 件	stpa@ms22.hinet.net
地　址	台北市105松山區八德路二段410巷5弄1號2樓
主　編	黃淑美
文 字 校 對	黃芷庭・李鳳娥・周麗娟
美 術 設 計	尤廷輝・張 絢
法 律 顧 問	宏鑒法律事務所
電　話	886-2-27150270
定　價	新台幣250元
出 版 日 期	2006年9月初版1刷